环境空气PM₂.₅手工监测方法

——滤膜称量标准操作程序

中国环境监测总站　编译

中国环境出版社·北京

图书在版编目（CIP）数据

环境空气 PM$_{2.5}$ 手工监测方法：滤膜称量标准操作程序/中国环境监测总站编译. —北京：中国环境出版社，2014.12
ISBN 978-7-5111-2163-9

Ⅰ . ①环… Ⅱ . ①中… Ⅲ . ①可吸入颗粒物—大气监测
Ⅳ . ①X831

中国版本图书馆 CIP 数据核字（2014）第 294039 号

出 版 人	王新程
责任编辑	赵惠芬
责任校对	尹　芳
封面设计	彭　杉

出版发行　中国环境出版社
　　　　　（100062　北京市东城区广渠门内大街 16 号）
　　　　　网　　址：http://www.cesp.com.cn
　　　　　电子邮箱：bjgl@cesp.com.cn
　　　　　联系电话：010-67112765（编辑管理部）
　　　　　发行热线：010-67125803，010-67113405（传真）
印　　刷　北京中科印刷有限公司
经　　销　各地新华书店
版　　次　2014 年 12 月第 1 版
印　　次　2014 年 12 月第 1 次印刷
开　　本　787×1092　1/16
印　　张　8.75
字　　数　170 千字
定　　价　30.00 元

编写委员会

主　编：陈　斌

副主编：滕恩江　杨　凯

编　委：（以姓氏笔画为序）

　　　　王　强　王晓慧　王利燕　左　航　迟　颖　李铭煊

　　　　孙海林　张　杨　陈　斌　陈　妲　杨　凯　杨　勇

　　　　周　刚　贺　鹏　赵金宝　钟　琪　梁　宵　滕恩江

统　稿：张　杨

前　言

近年来，随着我国经济的快速发展，环境空气中 PM$_{2.5}$ 污染问题日趋严重，客观、如实、准确地反映大气中 PM$_{2.5}$ 浓度也逐渐成为环境监测的一项重要任务。

手工重量法作为 PM$_{2.5}$ 监测的标准分析方法，依据《环境空气　PM$_{10}$ 和 PM$_{2.5}$ 的测定　重量法》（HJ/T 618—2011）和《环境空气颗粒物（PM$_{2.5}$）手工监测方法（重量法）技术规范》（HJ/T 656—2013）进行，其操作可分为实验室称量和现场采样两部分。实验室称量又具体包括滤膜检查、平衡、称重、数据输入/管理以及归档等环节，这些环节操作的规范性将直接影响 PM$_{2.5}$ 监测结果的准确性和真实性。

本书是对美国 EPA 质控文件 "PM$_{2.5}$ Mass Weighing Laboratory Standard Operating Procedures for the Performance Evaluation Program" 的编译。全书介绍了手工监测环境空气 PM$_{2.5}$ 时，实验室分析人员如何对滤膜进行操作，最终获得准确可靠的滤膜重量。本书分别规定了恒温恒湿室实验室的建设要求；规范了滤膜采购、检验处理、平衡、称重、运输、存储的程序；对滤膜实现追踪管理，监管滤膜所处的每一个环节，将质量保证与质量控制融入滤膜操作的每个环节中。

本书共 12 章，第 1 章 "简介" 由杨凯编译；第 2 章 "实验室能力建设" 由周刚编译；第 3 章 "设备库存、采购、接收和维护" 由钟琪编译；第 4 章 "通讯" 由李铭煊编译；第 5 章 "滤膜的处理、库存和检验" 由迟颖编译；第

6章"滤膜平衡"由张杨编译；第 7 章"校准"由陈斌编译；第 8 章"滤膜称重"由杨凯编译；第 9 章"装运"由陈妲编译；第 10 章"滤膜追踪管理程序"由梁宵编译；第 11 章"质量保证/质量控制"由王强编译；第 12 章"滤膜存储和存档"由张杨编译。

希望本书有助于统一环境空气 PM~2.5~手工监测中滤膜称量的相关操作，减小 PM~2.5~手工监测的误差，整体提高 PM~2.5~监测的数据质量。

本书感谢河北先河股份有限公司、武汉天虹有限公司的大力支持，感谢仪器重大专项"环境大气中细粒子（PM~2.5~）的监测设备开发与应用"（项目号：2012YQ06014706）的资助。

编　者

2014 年 12 月

缩略词表

AIRS	*Aerometric Information Retrieval System*	环境空气监测信息收集系统
APTI	*Air Pollution Training Institute*	空气污染培训机构
CFR	*Code of Federal Regulations*	美国联邦法规
CMD	*Contracts Management Division*	合同管理部门
CO	*Contracting Officer*	合同官员
COC	*Chain of Custody*	滤膜追踪管理程序
CS	*Contracting Specialist*	合同专家
DAS	*Data Acquisition System*	数据采集系统
DQA	*Data Quality Assessment*	数据质量评估
DQOs	*Data Quality Objectives*	数据质量目标
EDO	*Environmental Data Operation*	环境数据处理
EMAD	*Emissions, Monitoring, and Analysis Division*	排放、监测和分析部门
EPA	*Environmental Protection Agency*	（美国）环境保护局
ESAT	*Environmental Services Assistance Team*	环境服务援助小组
FEM	*Federal Equivalent Method*	联邦等效方法
FRM	*Federal Reference Method*	联邦标准方法
GLP	*Good Laboratory Practice*	实验室管理规范
LA	*Laboratory Analyst （ESAT contractor）*	实验室分析员（环境服务援助小组承包商）
LAN	*Local Area Nnetwork*	局域网
MQAG	*Monitoring and Quality Assurance Group*	监控和质量保证小组
MQOs	*Measurement Quality Objectives*	质量测定目标
NAAQS	*National Ambient Air Quality Standards*	国家环境空气质量标准
NAMS	*National Air Monitoring Station*	国家空气监测站
NERL	*National Exposure Research Laboratory*	国家暴露物研究实验室
NIST	*National Institute of Standards and Technology*	国家标准与技术研究所

OAQPS	*Office of Air Quality Planning and Standards*	空气质量规划和标准办公室
OAM	*Office of Acquisition Management*	政府采购管理办公室
OARM	*Office of Administration and Resources Management*	行政和资源管理办公室
ORD	*Office of Research and Development*	研究和发展办公室
PC	*Personal Computer*	个人计算机
PE	*Performance Evaluation*	性能评估
PEP	*Performance Evaluation Program*	性能评估计划
PM_{2.5}	*Particulate Matter ≤2.5 microns*	颗粒物≤2.5 μm
PO	*Project Officer （Headquarters）*	项目负责人（总部）
PTFE	*Polytetrafluoroethylene*	聚四氟乙烯
QA/QC	*Quality Assurance/Quality Control*	质量保证/质量控制
QA	*Quality Assurance*	质量保证
QAPP	*Quality Assurance Project Plan*	质量保证计划
QMP	*Quality Management Plan*	质量管理规划
RPO	*Regional Project Officer*	区域项目负责人
SLAMS	*State and Local Monitoring Stations*	州和地方监测站
SOP	*Standard Operating Procedure*	标准操作程序
SOW	*Statement or Scope of Work*	工作说明与范围
STAG	*State and Tribal Air Grants*	国家和保留地空气补助金
TSA	*Technical System Audit*	技术系统审核
WAM	*Work Assignment Manager*	工作调度人员

目 录

1 简 介

本章为 ESAT 实验室分析员（LA）和参与标准操作程序（SOPs）的实验室人员介绍有关 $PM_{2.5}$ 监测的背景资料，以及美国联邦标准方法（FRM）性能评估项目（PEP）情况。

1.1 $PM_{2.5}$ 项目

一般来说，环境空气质量监测（$PM_{2.5}$）是以 $\mu g/m^3$ 为单位，使用美国联邦标准方法（FRM）采样器和 46.2 mm 聚四氟乙烯（PTFE）滤膜，对空气动力学直径小于或等于 2.5 μm 的颗粒物进行收集并计算 $PM_{2.5}$ 浓度。人的一根头发的直径大约为 50 μm，而 $PM_{2.5}$ 的粒径只有 2.5 μm。监测 $PM_{2.5}$ 的浓度，以判断是否符合国家环境空气质量标准（NAAQS）中对 $PM_{2.5}$ 年均浓度（15.0 $\mu g/m^3$，年算术平均浓度值）和日均值浓度（65 $\mu g/m^3$，24 h 平均浓度值）的要求。关于"国家环境空气质量标准（NAAQS）及其计算过程"的说明，可参看 1997 年 7 月 18 日的联邦公报声明。此外，40 CFR 第 50 部分的附件 L 中是这样对测量原理进行描述的：

$PM_{2.5}$ 采样器是在规定的采样周期，以恒定的采样流量抽取环境空气，环境空气进入采样口后，切割器将 $PM_{2.5}$ 截留在聚四氟乙烯（PTFE）滤膜上。有关环境空气采样器和联邦标准方法的详细说明可查阅附件 L、其他适用法规或质量保证指导文件。

在样品采集前和样品采集后，分别对滤膜进行称重（规定的温湿度条件下平衡后），计算其差值得到 $PM_{2.5}$ 的净重（质量）。通过采样时长和工况采样流量（环境温度和大气压条件下的流量）来计算采样体积。$PM_{2.5}$ 的净重除以采样体积，得到环境空气中 $PM_{2.5}$ 的质量浓度，该浓度以 $\mu g/m^3$ 为单位。

1.2 美国联邦标准方法（FRM）的性能评估项目（PEP）

1.2.1 PEP 发展历史

美国州和地方监测站（SLAMS）、国家大气监测站（NAMS）网的数据用于判断环境空气是否符合国家环境空气质量标准（NAAQS），数据的质量非常重要。因此，建立一套质量体系，控制并评估数据的质量，确保根据国家环境空气质量标准（NAAQS）判断环境空气质量的结果是否在可置信范围内。在 PM$_{2.5}$ 国家环境空气质量标准（NAAQS）建立过程中，美国环保局使用数据质量目标（DQO）程序，以确保测量数据的精密度和系统偏差在允许范围内，使该数据能够用于判断污染物浓度是否达到国家环境空气质量标准（NAAQS）的要求。测量过程中，所有阶段（现场采样、处理、分析等）产生的总误差应保证其精密度在 10%以内，偏差为 ±10%。应配置足够的样品，估算测量的精确度。如果正确执行联邦参比方法性能评估，则可估算测量的精确度。

PEP 是一项质量保证措施，用于评估 PM$_{2.5}$ 监测网络的数据质量。其方法原理是将一台便携式联邦标准方法 PM$_{2.5}$ 采样器作为参比仪器，与 NAMS/SLAMS PM$_{2.5}$ 监测仪的结果进行比较，参比仪器与 PM$_{2.5}$ 监测仪的安装点位应相距 1～4 m。

在 1997 年 12 月 13 日之前，美国联邦标准法性能评估原本由州/地方负责执行。在 PM$_{2.5}$ 国家环境空气质量标准（NAAQS）提案评审后，对联邦标准方法（FRM）性能评估项目进行下列修订：

① 独立的联邦标准方法（FRM）性能评估；

② 审核范围由所有 PM$_{2.5}$ 现场减少为抽查 25%；

③ 审核频次从 6 次/a 减少至 4 次/a；

④ 允许将实施责任从州和地方代理商转移给联邦政府。

性能评估是一种审核方式，将测量系统单独获取的定量数据与常规获取的数据进行比较，以评估分析员或实验室的熟练操作程度。性能评估项目的目标是评估总系统误差，包括现场和实验室活动的测量误差。独立评价（见图 1-1）由第三方 PM$_{2.5}$ 质量保证工作组完成，以确保州和地方独立执行性能评估项目。

PM$_{2.5}$ 项目的目标是在 1999 年 12 月 31 日之前建立一个国家监测网络。这些监测站点的种类很多，有的使用联邦标准方法/联邦等效方法（FRM/FEM）采样器，有的使用连续在线监测系统，有的监测化学形态，有的监测能见度以及一些特殊用途的监测网站。每年，25%的监测站点的监测仪需完成 4 次性能评估。

1997 年 8—10 月，EPA、SAMWG、各州和地方组织机构（NESCAUM、MARAMA、WESTAR、单个组织）探讨了联邦政府执行的可能性，大部分组织机构倾向于由联邦政府执行。

1.2.2 独立评价

独立评价——由不属于直接履行并负责该工作的合格的个体、团体或组织完成的评价。出具常规环境空气监测数据的组织不能作为审核机构。具备联邦标准方法（FRM）性能评估（PE）资格的审核机构，除应符合上述定义外，应具备图 1-1 所示的管理结构，满足通过两个管理层使其常规采样人员与审核人员独立。此外，应在独立的实验室，使用独立的称重设备进行采样前后的滤膜称量。现场和实验室人员经过联邦标准方法性能评估现场和实验室培训和认证。

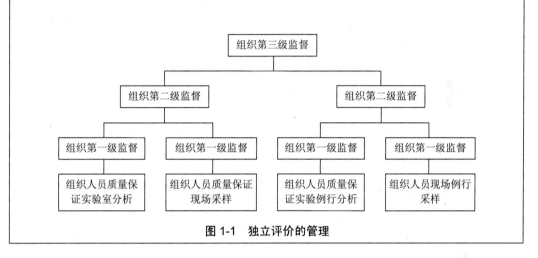

图 1-1　独立评价的管理

EPA 研究了潜在的承包机制，以协助本活动的实施，并且将利用当前各个区域的环境服务援助小组（ESAT），以提供必要的现场和实验室工作。各 EPA 区域负责本活动的现场工作，而区域 4 和区域 10 也完成实验室工作。

1.2.3 性能评估项目（PEP）活动

联邦标准方法（FRM）性能评估项目（PEP）可分为实验室部分和现场部分，经过数据验证和分析后最终出具报告。图 1-2 提供性能评估项目 PEP 的基本描述，分为 5 个部分：

① EPA 对滤膜进行检查、平衡、标记、称重，并为现场做好准备，然后发送至区域 4 和区域 10 的实验室。

② 区域 4 和区域 10 将运送滤膜和相应的滤膜追踪管理（COC）资料给区域现场办公室。

③ 现场工作者携带滤膜、现场数据表和滤膜追踪管理资料到现场，操作便携式采样器。

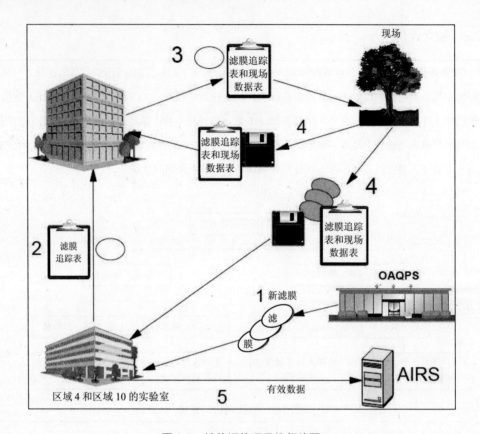

图 1-2   性能评估项目执行摘要

④ 现场工作者将滤膜、数据软盘、现场数据表和滤膜追踪管理资料返回给对应的实验室（同时保持一套资料和记录）。

⑤ 区域 4 和区域 10 实验室负责滤膜平衡并称重、验证数据以及上传信息给环境空气监测信息收集系统（AIRS）。

1.2.3.1   现场活动

采用联邦标准方法（FRM）采样器作为参比仪器，用于性能评估。它应经过 EPA 的联邦标准方法（FRM）认证，应耐用、坚固且能频繁运输。它由多种模块组成，各模块质量不超过 18 kg，总重量不允许超过 55 kg。用于性能评估的采样器，必须采取预防措施以确保数据质量。在性能评估项目的质量保证项目计划（QAPP）和标准操作程序中，应有详细的规定。现场活动的概述如下：

① 经过完整培训的现场人员将一台便携式 PM₂.₅ 联邦标准方法（FRM）性能评估（PE）采样装置，运输到相应的 EPA 区域内的监测站点的 PM₂.₅ 现场。

② 现场人员按要求安装配置采样器，根据标准操作程序执行校准验证，然后安装

一片滤膜并完成一次 24 h 采样（午夜到第二天午夜）。

③ 若时间允许，现场人员可对下一处采样点进行一次 24 h 性能评估。如果时间不够，现场人员可对 $PM_{2.5}$ 采样器进行维护保养，验证先前的校准仍然有效。

④ 采样完成后，现场人员返回采样现场，读取采样器中的数据，取出滤膜并正确保存，最后拆卸采样器。

⑤ 现场人员将根据标准操作程序打包滤膜，运输到预定的实验室。

1.2.3.2　实验室活动

联邦标准法（FRM）性能评估（PE）的实验室部分，包括滤膜处理、平衡、称重、数据输入/管理以及归档。实验室建立在区域 4 和区域 10。在性能评估项目的质量保证项目计划（QAPP）和标准操作程序中，应有详细的规定。除了必须遵循的实验室管理规范，也必须遵守下列活动：

① 按照天平的操作手册，正确操作称重天平（装配、校准和使用）；

② 遵循该标准操作程序（SOPs）；

③ 遵循性能评估项目（PEP）的质量保证项目计划（QAPP）中涉及的标准、原理和规范；

④ 完成所要求的培训；

⑤ 为避免在滤膜处理（采样前平衡、称重、采样后平衡、运输等）中，引入测量误差，必须重视滤膜的正确处理。

➤ **采样前称重**

（1）根据标准操作程序，从 EPA 接收滤膜后进行检查；

（2）清点滤膜的数目并记录；

（3）按照标准操作程序，平衡并称重滤膜；

（4）按照标准操作程序，打包、储存滤膜；

（5）实验室将建立并维持供应品和耗材的装运/接收机制，包括保温箱、冷媒以及滤膜追踪管理（COC）文件。

➤ **采样后称重**

（1）滤膜采完样后被送至实验室，实验室人员检查滤膜的完整性，并做好相关记录；

（2）滤膜称重前，应低温保存；

（3）将滤膜放入恒温恒湿室，平衡至少 24 h（按照标准操作程序）；

（4）按照标准操作程序，进行滤膜称重并做好相关记录；

（5）将现场采样的数据输入数据系统，计算 $PM_{2.5}$ 浓度；

（6）将滤膜存档 3 年。第 1 年在 4℃中储存，第 2 年和第 3 年在常温下储存；

（7）将数据转移到 AIRS 数据库。

1.3　文件说明

美国联邦标准方法性能评估项目的实验室标准操作程序提供下列实验室活动时须遵守的详细规程，其章节标题为：

▶实验室能力建设；

▶设备库存、采购、接收和维护；

▶通信（区域/州和地方）；

▶滤膜处理；

▶滤膜平衡；

▶校准；

▶滤膜称重；

▶滤膜装运；

▶滤膜追踪管理程序；

▶质量保证/质量控制；

▶存储/存档。

必须完全遵循所有方法。

各章中的程序内容是独立的，可单独从文件中复制，以便使用。标准操作程序遵循《标准操作程序 EPA QA/G—6 制定导则》中关于技术标准操作程序指导的格式。QA/G6 要求包括下列主题：

A. 适用范围；

B. 方法概述；

C. 定义（标准操作程序中使用的首字母缩略词、缩写词和专门形式）；

D. 健康和安全警告；

E. 注意事项；

F. 干扰因素；

G. 人员资质；

H. 设备和材料；

I. 仪器或方法校准；

J. 样品收集；

K. 处理和保存；

L. 样品制备和分析；

M. 故障排除；

N. 数据采集、计算和数据简化；

O. 计算机硬件和软件；

P. 数据管理和记录管理。

各方法仅论述了与此方法有关的主题。方法标号标记如下：

$$PEPL-X.YY$$

PEPL——性能评估项目实验室标准操作程序；

X——方法的章节（根据目录）；

YY——方法的编号。

1.4　工作人员上岗资质

在开展实验室工作之前，实验室人员应熟悉表 1-1 中所列的文件。知识水平评定等级从 1 级（非常熟悉）～5 级（基本了解）。

表 1-1　性能评估项目的必读材料

文件	知识
FRM 性能评估项目实验室标准操作程序	1
FRM 性能评估项目质量保证项目计划	2
FRM 性能评估项目实施计划	2
$PM_{2.5}$ 数据质量目标过程	2
FRM 性能评估项目现场标准操作程序	3
质量保证手册（第 1 部分第二卷）	3
40 CFR 第 50 部分，附件 L	4
40 CFR 第 58 部分，附件 A	4

1.5　定义

附录一为性能评估项目（PEP）中的术语表。前部所列为缩略词。

1.6　注意事项

　　PM$_{2.5}$ 采样器所用的滤膜很轻,每片约重 150 mg。PM$_{2.5}$ 净重单位为μg。滤膜的载荷量可从 20～2 000 μg 不等,大部分加载量为 300 μg,约为空白滤膜重量的 0.2%,相当于一根 4 cm 长的人发(约重 312 μg)。此外,要求滤膜两次称重之间≤15 μg,而一个拇指印可使滤膜增重 15 μg。显然,任何微小的因素变动(如手指油、灰尘)都将影响滤膜称重的重量。有关滤膜的处理在第 5 章进行详细说明。

2 实验室能力建设

2.1 适用范围

本章说明了如何选择并建立平衡称重实验室，旨在：

（1）减少污染源；

（2）将滤膜和天平放置在隔离的环境中，避免测量干扰；

（3）恒温恒湿室的温度控制：20～23℃，24 h 内±2℃；

（4）恒温恒湿室的湿度控制：30～40%RH，24 h 内±5%RH；

（5）保持实验室桌面清洁，以便放置滤膜、装卸滤膜夹；

（6）通常，该实验室用于 $PM_{2.5}$ 比对性能评估项目（PEP）。

注：美国的温湿度控制与我国的不同，我国要求的温度为15～30℃任意一点。精度为1℃，湿度为 50%±5% RH。

2.2 方法概述

2.2.1 滤膜平衡称重应有足够空间

（1）容纳足够数量的滤膜；

（2）放置分析天平、温度与湿度记录仪、条形码读码器和数据记录装置（计算机），且不影响数据质量；

（3）分区管理，滤膜平衡区和称重区；

（4）单独的区域，放置准备运送现场的滤膜。

另外，该实验室应符合上述的温湿度要求，并保持无污染清洁的状态。

2.2.2 分析天平应有良好的性能

（1）检出限：用信噪比来确定最低检出限；

（2）灵敏度：用外置标准砝码测量；

（3）稳定性：若检出限≤5 μg，测量的重复性偏差＜3 μg，则称量标准砝码的稳定时间为 10～20 s。

2.3　定义

附录一为性能评估项目（PEP）中的术语表。本书前部所列为缩略词。"平衡室"和"实验室"这两个术语在整个文档中作为同义词来使用。

2.4　健康和安全

为防止人员伤亡，实验室人员必须注意所有与分析天平及其配套设备和用品有关的警告信息。通常，在使用说明书或故障排除指南（选择最适用的）中有详细的健康和安全警告。健康和安全警告通常分为以下三类：电气类、化学（工）类和设备布置与稳定性。

2.4.1　PM$_{2.5}$实验室的电气安全注意事项

（1）确保所有电气连接符合国家标准。分析天平与其他电气设备，应使用三线接地布置。为避免触电与人身伤害，请使用接地插座和电线。

（2）安装电线时，必须保证其干燥且远离强光和强热环境，保持其包裹度与绝缘性。定期检查电线和连接处的磨损标志，必要时安排电工修理或更换。

（3）当维修或更换部件时，若需拆除防护板，必须切断实验室设备的电源。

2.4.2　PM$_{2.5}$实验室的化学安全注意事项

（1）实验室的化学品和危险物品应该具有记录表单（MSDS），并将其张贴或放置在可见的区域。

（2）请谨慎使用清洗剂，建议使用手套。接触化学品后应彻底洗手。使用有机溶剂时应保证通风良好。妥善处置化学品和毛巾。

（3）汞金属是一种有毒物质，存在于某些类型的温度计、气压计和湿度计中。若液态汞溢出，必须妥善清理并处置。可使用防护设备以免吸入蒸气，使用防水手套以免皮肤接触。可以使用汞清理设备。对含汞区域进行定位，从物理上、结构上及空气动力学上将其与工作环境相隔离。

（4）务必谨慎使用含有放射性钋源的抗静电装置。保留关于抗静电装置的位置及尺寸的详细记录。根据制造商说明书以及国家和地方法规对该装置进行处理。

2.4.3 PM$_{2.5}$实验室操作设备安全注意事项

（1）确保门可以打开，且不会碰撞设备；

（2）确保门能从里面打开；

（3）架子的顶部不应超过实验室人员的高度，且摆放时应避开桌子之类障碍物，否则架子可能失去平衡；

（4）确保实验室的设计和性能满足健康和安全的基本要求，实验室人员进入实验室后有足够的新鲜空气顺畅地呼吸。通常，可通过警报、反馈回路或等效节流方式控制空气（新鲜空气）的补充，当 CO$_2$ 浓度超过 2 000ppm 以及氧气浓度不能满足人体呼吸需求时，增加更多新鲜空气。例如，Telair 公司生产的新风节流系统，一种廉价的 Gaztech$^{®}$ 传感器/操纵装置。

实验室必须能兼容火警警报系统。灭火设备应符合地方建筑规范、州/联邦 OSHA 法规以及国家防火规范。

2.5 注意事项

相对湿度是一个较难控制的参数，即使总水分含量保持恒定，相对湿度也会随温度的变化而改变。做好不同季节极端条件的应对准备，如夏季高温和高湿时使用辅助除湿设施。

实验室人员应穿着干净的衣物，仔细清洗在称重过程中可能暴露在外的身体部位，特别是手、胳膊、脸和头发，用足够的肥皂和水清除头屑和松散表皮，这些环节与称重质量密切相关。称重时必须穿戴实验室工作服和手套，以减少实验室的潜在污染。称重结束后必须脱掉实验室工作服，以减少外部环境对其的污染。

2.6 干扰因素

（1）PM$_{2.5}$手工重量法存在局限性，所采集样品的重量会因误操作、化学反应和挥发而导致变轻或变重。

（2）滤膜和样品的处理程序、称重过程中的温湿度控制、采集前后称重的及时性和一致性，都影响最终结果。

（3）PM$_{2.5}$颗粒物中的化学组成随采样地点及来源而变化。经过化学和物理反应，PM$_{2.5}$重量变化幅度也随采样现场的位置、采样时间而变化。

（4）如果采样点的空气中有硝酸蒸气，硝酸在 Teflon®滤膜上沉积并引起少量与大气中硝酸量成比例的增重。此增重不可控。

（5）热分解、化学分解或化合物挥发会导致重量损失，如硝酸铵（NH$_4$NO$_3$）挥发释放出氨和硝酸气体。若颗粒物成分中含有半挥发性有机化合物（SVOCs），其挥发可能造成样品重量的损失。在滤膜运输至称重实验室过程中保持滤膜冷却以及在实验室收到滤膜后迅速进行平衡和称重，此重量损失会最小。利用温湿度控制等方式保证该方法的一致性，即便发生上述情况，也使称重数据更具可比性。

（6）有些新的空白 Teflon®滤膜从原运输盒中取出 6 周后，其重量损失达到 150 μg。尽管用于联邦标准方法（FRM）性能评估（PE）的滤膜基本不会存在此问题，但实验室人员在接收任何一批新滤膜时都应检查滤膜的失重情况（见第 6 章）。在滤膜重量确认稳定之前，该批次滤膜不得投入使用。

（7）从滤膜夹中小心拿出滤膜、进行滤膜平衡并在称重前中和滤膜上的静电荷积聚，从而使因静电作用造成滤膜上颗粒的物理损失降到最低。

（8）在采样前后，通过与滤膜介质相应的低湿采集方式和在指定温湿度环境条件下平衡滤膜，使得因滤膜或颗粒物中的水分吸收或蒸发导致的重量增减最小化。

（9）在平衡、称重过程中，滤膜可能被空气中的颗粒物、分析天平或工作台的灰尘所污染，或者被实验室分析员（LA）和其他的外来人员（如维修技术员）所污染。通过定期更换平衡室的高效空气过滤器（HEPA）滤膜，可减少空气污染。在滤膜称重前使用无绒的一次性实验室湿巾擦拭工作台面，可减少表面污染。

（10）样品重量分析中的错误也可能是由于分析天平上的滤膜在制造或采样过程中积聚的静电荷造成。该静电荷积聚会干扰分析天平称重。通过把分析天平接地并在绝缘表面涂上一层抗静电溶液，可减少分析天平上的静电荷积聚。称重前，使用钋-210（^{210}Po）抗静电带，可减少滤膜上的静电荷积聚。

（11）由于设备和人员的活动而引起的振动，可能会导致分析天平的不稳定。在称重过程中，最大限度地减少称重室的人员数量并在外界对分析天平的影响最小的情况下称重。必须使用平衡垫和地毯以减少振动。

2.7 人员资质

要求经过 PM$_{2.5}$ 联邦标准方法（FRM）性能评估项目的培训，并取得笔试和实际操作能力认可。

2.8　设备和材料

（1）5 mg、100 mg 与 200 mg 的 ASTM 1 类砝码（E1 级砝码）；

（2）表格 GPL01；

（3）分析天平；

（4）非金属的、无锯齿的砝码镊子。

2.9　实验室硬件指标的检测程序

2.9.1　实验室控制指标

在 $PM_{2.5}$ 性能评估项目中，为确保滤膜采样前后称重的客观性和精确性，制定下列关于称重平衡实验室的要求。

（1）平均温度：在称重前 24 h 之内，5 min 的平均温度必须为（20～23）℃±2℃；

（2）平均相对湿度：在称重前 24 h 之内，5 min 的平均相对湿度必须为（30%～40%）±5% RH；

（3）污染：采样前称重至采样后称重期间，实验室标准滤膜的波动不允许超过 15 μg。

2.9.2　分析天平稳定性和灵敏度

滤膜采样前后两次称重时，为确保天平的稳定性和灵敏度，分析天平应满足要求：

（1）可读性和重复性：≤±1μg；

（2）调节水平泡，使天平的基准水平；

（3）自动校准；

（4）没有自动调零；

（5）根据说明书，进行工作标准的手动外部校准；

（6）根据说明书和本标准操作程序，在每次称重前进行内部校准；

（7）位于受控环境中；

（8）摆放在干净、无振动的表面上；

（9）位于没有大气脉冲或大气湍流的环境中，否则影响称重的稳定性；

（10）分析天平电源接地；

（11）保持长期通电状态（可关闭液晶显示屏）；

（12）严格按照标准操作程序和说明书进行维护并操作。

在称重之前，确认实验室是否满足上述分析天平的要求。实验室分析员（LA）应遵循以下所列的程序：

（1）打开分析天平并使其预热至少 24 h。

（2）选择 5 mg、100 mg 以及 200 mg 工作标准砝码。

（3）根据说明书，调零（使用 TARE 键）和校准（使用 F1 键）分析天平。

（4）打开和关闭分析天平的防风罩（圆形箭头键）两次，使分析天平称重室的温湿度与外界达到平衡。

（5）使用光滑、无锯齿的非金属镊子，将工作标准砝码轻轻放在样品盘上。关闭分析天平的防风罩。等待直到分析天平的显示器表明在记录重力测量之前已经获得一个稳定的读数（所示的稳定读数后 20 s）。

（6）在实验室天平稳定性试验表 GLP-01 中记录测定值，以 mg 为单位，精确到 3 位小数点。

（7）每小时重复步骤（1）～（6），每个工作标准砝码（5 mg、100 mg 及 200 mg）重复 7 次。

（8）每个工作标准砝码（5 mg、100 mg 及 200 mg）计算出连续两次测量值之差、所有 7 次测量值的偏差以及每次标准重量的平均值和标准偏差。

（9）每个工作标准砝码（5 mg、100 mg 及 200 mg）的标准偏差乘以 3 并在"DL"行输入，作为天平的检出限。

（10）取工作标准砝码（5 mg、100 mg 及 200 mg）的 3 个检出限的平均值并将其输入"总检测限"行中，作为天平的总检出限。

（11）如果各工作标准砝码的平均差小于 3 μg 并且总检出限小于 5 μg，天平在 30 s 内读数稳定，则证实天平稳定。如果没有，则检测分析天平和实验室环境是否故障，直到确认天平稳定。

2.10　故障排除

包括可能发生故障的所有实验室设备。

注：保持各设备或系统所有故障和纠正措施的记录。附上维修技术员报告副本和随访或跟踪电话期间所作的任何附加说明或观察结果的注释。

2.10.1　温湿度调节的传感器和控制设备

关于环境控制和监控系统，参见制造商手册的"故障排除"章节。可能需要一些附加的气流模式控制。

如果实验室空调系统频繁开启关闭,引起重量波动而使称重中断,这需花费 20～30 s 稳定。

确保实验室的入口(门)完全关闭。观察温湿度的连续变化数据,检查温湿度的波动值是否在设定值范围之内。检查高效颗粒物过滤器上的滤膜以确定其是否过载并需要进行更改,检查过滤网是否堵塞。冷却空气从进气口进入到实验室内,检查空气温度是否与设定温度一致。

如果温度上升至设定值后迅速下降,联系维修技术员寻找原因并设法使用现有的设备对其进行维修。如果需产生维修合同,实验室分析员(LA)应通过授权的工作调度人员(WAM)联系维修。实验室分析员(LA)应检查温度传感器并确认其测量是否准确。若温度传感器测量正常,维修人员应检查控制装置是否损坏。若温度传感器测量不准确,维修技术员可提高流量,使冷空气迅速进入实验室。调整后,维修技术员应检查气压梯度和相对湿度是否发生改变。在实验室使用的初期(6 个月～1 年),需要通过系统的调整来解决不同环境条件的温湿度控制问题,因此此"调整"可能会出现若干次。

2.10.2 分析天平

以 Sartorius 为例,见《Sartorius MC5 安装和操作说明》的故障排除第 1～43 和 1～44 页。

检查重量性是否≤±3μg。如果维修技术员需执行诊断或调整其他步骤,则要求工作调度人员(WAM)打电话给维修技术员。

如果采样前滤膜的重量超出验收要求,则检查滤膜有没有吸附可见污染物。如果没有发现任何可见污染物,则检查钋带的储藏寿命(半衰期)。

2.10.3 恒温恒湿室

如果实验室标准参考滤膜在一段时间内明显增重,则实验室可能存在污染。如果两人以上同时使用实验,或用该实验室平衡称重 $PM_{2.5}$ 滤膜以外的其他样品(有时或一直),则减少潜在的污染和其他称重影响。

检查确认实验室内的气压梯度,天平和平衡区域的气压高于实验室其他区域,实验室入口内的气压高于外部。调整气压梯度和气流模式,使颗粒物远离天平和平衡区域,从而防止颗粒物入侵。

改变工作活动模式(如果其在调节或称重期间或之前已经产生则进行降低)。试穿替换的防护衣和进行清洗。例如,如果没有使用黏尘垫和靴子,可尝试使用。如果使用任何清洁喷雾剂,则停止。

2.10.4 滤膜

虽然有时温湿度都处于所要求的控制范围内，且钋带的使用年限未超过其半衰期，现场（或实验室加载）的质控滤膜一周内质量变化也会大于 30 μg。

电晕放电类型的"洁净空气"发生器可用于解决该问题。

2.11 数据采集和计算

2.11.1 数据采集

表 2-1 将用于收集进行实验室控制的信息。

表 2-1 天平稳定性试验（GLP-01）

运行	5 mg 标准 ST1	差异	100 mg 标准 ST2	差异	200 mg 标准 ST3	差异
1						
2						
3						
4						
5						
6						
7						
平均值						
SD						
DL						

总检测极限 ＝

2.11.2 计算

表 2-1 中将使用下列各式进行计算。

用式（2-1）计算每次检查的偏差 d：

$$d = \left| Y - X \right| \qquad (2\text{-}1)$$

式中：d——单个偏差，计算各测量值之间的偏差；

X——初重（第 1 天）；

Y——第二次重量（第 1+1 天）。

用式（2-2）计算 n 天测试期间各单个偏差的平均值 d_z：

$$d_z = \frac{d_1 + d_2 + d_3 + \cdots + d_n}{n} \tag{2-2}$$

式中：d_z——平均值，用于确定 24 h 温度和相对湿度的平均值以及各测量值之间的平均
差异；

$d_1 \sim d_n$——单个偏差；

n——测试中值的数量。

标准偏差应通过自动化温湿度程序进行提供，用式（2-3）计算：

$$SD = \sqrt{\frac{\sum(d_i - d_z)^2}{n-1}} \tag{2-3}$$

式中：SD——标准偏差，可用于确定 5 min 温度和相对湿度值的标准偏差；

d_i——各个偏差；

d_z——式（2-2）中确定的平均值；

n——测试中值的数量。

用于确定给定置信区间下，可测定的最小值被定义为检出限（DL），并使用式（2-4）
进行计算。

$$DL = SD \times 3 \tag{2-4}$$

3 设备库存、采购、接收和维护

3.1 适用范围

本章规定了实验室设备库存清点、设备和耗材采购以及设备维护的程序。

3.2 定义

附录一包含了性能评估项目（PEP）中使用的术语表。

3.3 人员资质

要求经过 $PM_{2.5}$ 联邦标准方法（FRM）性能评估项目的培训，并取得实验室部分的笔试和实际操作能力认证。

3.4 设备和材料

实验室分析员（LA）将使用下列设备和材料：

（1）表 3-1 提供实验室所需的设备和耗材清单。实验室分析员（LA）负责清点清单中所列设备和耗材；

（2）实验室库存表 INV-01，具体如表 3-2 所示；

（3）实验室采购记录表 PRO-01，具体如表 3-3 所示；

（4）实验室收货报告表 REC-01，具体如表 3-4 所示；

（5）实验室维护计划，具体如表 3-5 所示；

（6）实验室维护报告表 MAN-01，具体如表 3-6 所示；

（7）实验室维护/服务报告表 MAN-02，具体如表 3-7 所示。

表 3-1 设备/耗材库存

项目	数量	单位	供应商	产品型号
分析天平	2	台	Sartorious	MC-5
ASTM 1 类砝码	2	组	Rice Lake 称重系统	11909
天平桌	2	张	Fisher- Scientific	HM019945
电脑	2	台	Dell	
条形码阅读器	2	台		
条形码打印软件	1	款		
湿度/温度监测仪	1	台	Visala	E-37510-02
湿度/温度标准	1	种	Fisher -Scientific	11-661-78
NIST 可溯源温度计	1	个	Fisher-Scientific	15-041A
胶黏垫塑料框	1	个	Fisher-Scientific	06-528A
不间断电源供给	1	项	Cole-Parmer	E-05158-60
电冰箱	1	台		
冷冻库	1	个		
洗碗机	1	台		
抗疲劳地毯	2	条	Richmond	19-61-763
平衡架	2	个		
激光打印机	1	台		
减湿器	1	台		
测光台	1	张		
Microsoft® Access 97 Win 32	1	款		077-00370
Sarto-Wedge® 软件			Sartorius	YSW01
条形码打印软件			Cole-Palmer	E-21190-10
空调过滤滤膜	24	台		
无粉尘、防静电手套	1	1 000 只/箱	Fisher-Scientific	11-393-85A
钋带	12	根	NRD	2U500
培养皿载片	7	100 个/包	Gelman	7231
静电液	1	12 瓶/箱	Cole-Parmer	E-33672-00
无绒毛巾	1	15 包/箱	Kimwipes	34155
空调服务合同	1	份	本地	
分析天平服务合同（每年 2 次定期拜访）	1	份	Sartorius	
清洁用品	1		本地	
Worklon 抗静电实验室工作服	2	件	Fisher-Scientific	01-352-69B
镊子	2	把	VWR	25672-100
抗静电 3″×5″密封袋（封装滤膜盒）	1	箱	Consolidated Plastics	90202KH
条形码不干胶	1	盒		

项目	数量	单位	供应商	产品型号
6-包容量的冷却机	20	台		
可再利用的 U-Tek 制冷袋	4	24 袋/箱	Fisher-Scientific	03-528B
抗静电 9″×12″密封袋（封装数据表）	1	箱	Consolidated Plastics	90210KH
记录簿	4	本		
最低/最高温度计（各类有效的数字式温度计）	20	个	Sentry	4121
硬面胶黏垫（中等大头钉）	3	120 张	Fisher-Scientific	06-527-2

3.5　操作与控制程序

3.5.1　设备库存

1998 年夏天，区域 4 和区域 10 开始 PM$_{2.5}$ 性能评估项目的实验室能力建设。表 3-1 详细列出可能需要的所有设备和耗材清单，具体使用时根据实际情况来选择设备和耗材。实验室分析员将遵循下列程序：

（1）选择实验室库存表 INV-01（表 3-2）；

（2）清点所有设备和耗材；

（3）按照检索码 AIRP/486，保存一份原稿和文件，提供一份库存清单给工作调度人员（WAM）。

表 3-2　实验室库存表（INV-01）

设备名称	供应商	型号#	数量	购买日	保证
固定设备					
分析天平					
ASTM 1 类砝码					
天平桌					
电脑					
条形码阅读器					
条形码打印软件					
湿度/温度监测仪					
NIST 可溯源温度计					
悬挂式湿度计					
胶黏垫塑料框					

设备名称	供应商	型号#	数量	购买日	保证
不间断电源供给					
电冰箱					
冷冻库					
抗疲劳地毯					
具有滑托盘的丙烯酸干燥器					
激光打印机					
减湿器					
测光台					
Microsoft® Access 97 Win 32					
Sarto-Wedge®软件					
条形码打印软件					
温度和相对湿度数据记录器的软件					
微量天平服务合同（每年 2 次定期拜访）					
Worklon 抗静电实验室工作服					
镊子					
耗材设备					
清洁用品					
抗静电 3″×5″密封袋					
条形码不干胶					
空调滤膜					
无粉防静电手套					
钎带					
培养皿					
静电液					
无绒毛巾					
空调服务合同					

实验室分析员（LA）应准备好 2 个月的耗材备品。在执行的最初几周，实验室分析员（LA）统计耗材的使用频率，并据此制定一份采购计划表，以确保耗材充足。

3.5.2 采购

当需采购耗材或新设备时，实验室分析员（LA）将按照 ESAT 工作范围中所述的政策和要求，负责协助采购。实验室分析员（LA）采购的耗材或设备的型号应与"实验室库存表"中的一致，除非为了质量改善、污染减少、操作简易或成本降低（保证质量）等目的，可更换工作调度人员（WAM）建议的型号。

实验室分析员（LA）将遵循下列程序：

（1）实验室分析员（LA）根据 EPA 要求制定采购要求；

（2）生成订单后，将项目添写到实验室采购记录表 PRO-01（表 3-3）；

（3）每月提供一次表 PRO-01 给工作调度人员（WAM）；

（4）将表 PRO-01 归入文件 AIRP/486 中。

表 3-3　实验室采购记录（PRO-01）

名称	型号#	数量	负责人#	供应商	日期		成本	缩写	合格/废品
					预定的	收到的			

3.5.3 接收

在第 5 章中对滤膜的接收进行讨论。收到设备和耗材后，实验室分析员（LA）将采取下列步骤：

（1）从文件中找到对应的实验室采购记录表；

（2）填写实验室收货报告单 REC-01（表 3-4），按照实验室采购记录表，对接收到的设备或耗材的名称、数目及其他信息条件一一审核；

表 3-4 实验室设备/耗材收货报告（REC-01）

日期：			
收到从：			
装运从：			
装运通过：			

装船费用	预付	收取	运费单#
购货合同号			

数量	项目描述	条件

备注： 接收装船_____   问题_____

注：

（3）若接收到的设备或耗材的名称、数目及其他信息条件与"实验室采购记录表"内容一致，则在表格 REC-01 中进行标记并将其归入文件 AIRP/486 中；

（4）若有不符合的情况，则将内容填写在表格 REC-01 的备注中，并发送一份表格给工作调度人员（WAM）；

（5）填写实验室采购记录表 PRO-01 中的接收信息。

3.5.4 维护

为确保实验室保持合适的温湿度、较小的污染并防止设备在使用时破损，需建立维护程序。表 3-5 提供所需的维护、负责维护的人员以及维护频率的清单。

表 3-5 维护要求

项目	职责	服务协议	频率
通用实验室维护			每天
清洁	实验室分析员		每月一次
工作台清洁	实验室分析员		
实验室整体	实验室分析员		
盒子乙醇擦拭/清洗	实验室分析员		每次使用后
黏合剂覆盖的地毯	实验室分析员		每周或污染某个不良点时
HEPA 滤膜更换	实验室分析员		每月一次
钋带更换	实验室分析员		每隔 6 个月
钋带清洁			每个月或如空白数据所示
分析天平			
清洁	实验室分析员		6 个月
服务清洁/校准	服务提供商		一年两次
校准验证	实验室分析员		每次样品称重
温度/湿度读书器			
校准验证	实验室分析员		每隔 3 个月一次

注：如有服务协议则填写该项目。

3.5.4.1 实验室维护

➢ **日常清洁**

（1）每天使用实验室前，应使用湿润的无绒毛 Kimwipe 擦拭纸仔细擦干净实验室的工作台。

（2）用一张经乙醇湿润的 Kimwipe 擦拭纸清洁用于操作金属标准砝码的镊子和操作滤膜的镊子。

➢ **每次使用后的清洁（滤膜夹——滤膜被取出用于平衡后）**

（1）打开盖子，取出滤膜夹，并确认盖子是否被污染。若有需要，使用一张乙醇湿润的 Kimwipe 擦拭纸擦拭盖子。

（2）检查滤膜夹和不锈钢膜托的状态和清洁度。将所有盒子和不锈钢膜托放置到清洗机中。使用去离子水清洗一圈。

> **每月清洁**

● **实验室**

清洁日时，实验室中的滤膜不要暴露在空气中，尽量将滤膜移出实验室。不要使用真空吸尘器进行清洁。

（1）用滤膜盒盖住滤膜，以免滤膜暴露在实验室空气中。

（2）将滤膜放到储藏容器中，盖上盖子，并将容器摆放到不易受影响的地方。

（3）使用一张干净、湿润、无绒毛的 Kimwipe 擦拭纸将所有表面擦干净，包括袋子以及滤膜平衡架。

（4）使用湿拖把拖地。尽可能将拖把拧干，以减少相对湿度的波动。

（5）更换高效空气过滤器（HEPA）滤膜。

（6）完成维护后，填写实验室维护活动报告表 MAN-01（表 3-6）。

表 3-6　实验室维护活动报告（MAN-01）

活动	日期	缩写

> **抗静电卟离子带**

（1）卸下（例如，从鹅颈管、天平室或其他支架）抗静电离子卟带。

（2）清洁安装槽内部。使用家用氨水浸润过的棉签擦拭安装槽内部，再用一根水浸润过的棉签擦拭并晾干，使用时要额外谨慎小心。轻轻地刷安装槽表面。轻轻地关上天平防风罩并将氨涂在天平表面，以控制静电荷。

（3）使用乙醇浸润过的 Kimwipe 擦试纸轻擦后，清洁上表面和抗静电离子装置带。

（4）更换称重室中的离子装置和鹅颈管支架。

3.5.4.2　分析天平维护

> **校准**

必须使用 ASTM 1 级基准砝码校准分析天平。

（1）分析天平应定期（如一年两次）在经授权的校准部门进行校准，根据说明书进行维护。校准应追溯到国家标准与技术研究所。

（2）在日常称重操作中，如果发现分析天平没有校准，则应按照第 7 章中给出的说明对其进行重新校准。如果无法校准分析天平，则需经授权的分析天平维修服务人员对其进行维修。不要试图调整或修理分析天平。

> **清洁**

每年清洁分析天平外壳和防风罩两次，当污染可能出现时采取下列步骤：

（1）在清洁分析天平之前，切断电源；

（2）使用一块经乙醇湿润的无绒毛布清洁天平，确保没有液体流入天平；

（3）使用一块柔软干布将分析天平自上而下擦干净；

（4）拆下防风罩，用铝箔覆盖暴露的称重区域以防止污染；

（5）使用市售的清洗机对防风罩进行清洁；

（6）在防风罩上涂一层抗静电溶液。

注：不要将镊子或其他物体插入防风罩封闭板后面。称重系统从防风罩封闭板处进行气封，使污物不能进入。

3.5.4.3　维修

实验室可建立不同的维护制度，以确保实验室设备和设施正常运转。其包括定期维护或对发生故障的设备进行维修。定期检查设备仪器，如果检测数据表明设备需进行维修，则进行下列程序：

（1）填写实验室维护/服务报告表 MAN-02（表 3-7），并发送给工作调度人员（WAM），工作调度人员（WAM）将与维修厂家联系；

（2）维修之后，填写完成 MAN-02，咨询维修工程师进行了哪些维修工作；

（3）实验室分析员和服务供应商应在表格 MAN-02 中签名；

（4）保持原件并归档到 AIRP/486，分发一份副本给工作调度人员（WAM）；

（5）根据表 MAN-02 中的基本信息填写实验室维护活动报告表 MAN-01 中。

注：实验室分析员也应在实验室维护/服务报告表 MAN-02 中记录日常维护情况。

表 3-7 实验室维护/服务报告（MAN-02）

项目名称：		时间：	日期：
制造商：		型号：	
故障情况			
位置：		自上次服务后的间隔：	
故障和起因的一般描述：			
采取的纠正措施：			
替换的故障部件：			
维修的故障部件：			
服务要求			
完成的预防性维护：			
完成的操作测试：			
实验室分析员签名：		服务供应商签名：	

4　通信

4.1　适用范围

本章规定了性能评估项目（PEP）的实验室人员如何将有关技术信息传达给相关的组织机构，这些组织机构包括：

（1）负责实验室部分的 ESAT 工作调度人员（WAM）；

（2）负责现场部分的 ESAT 工作调度人员（WAM）；

（3）ESAT 的现场工作人员；

（4）空气质量规划与标准办公室（OAQPS）。

此标准操作程序不包含"环境服务援助小组工作范围"（SOW）中关于环境服务援助小组附加的通信义务。通信方式有报告、电子邮件和电话。

4.2　方法概述

安排有序的通信结构可以促进参与单位与使用 $PM_{2.5}$ 监测网信息的用户之间的信息沟通。图 4-1 描绘了主要的通信路径。通常，ESAT 承包人负责向区域工作调度人员（WAM）和项目负责人（POs）传达技术进展、议题和合同义务方面的内容。EPA 区域工作调度人员（WAM）负责与州和地方监测站进行技术沟通，并将需引起关注的技术事项告知空气质量规划与标准办公室（OAQPS）。ESAT 承包人通过项目官员将合同事宜传达给 ESAT 承包办公室，如果有必要将传达给空气质量规划与标准办公室（OAQPS）。表 4-1 列出了一些重要的 EPA ESAT 联系方式。

区域工作调度人员（WAM）应就其工作进展和相关议题/问题与 ESAT 承包人进行沟通。在不影响国家层面项目执行的前提下，各区域工作中的问题应由该区域处理。在这些情况下，可通过 ESAT 工作组电话会议进行讨论和解决。

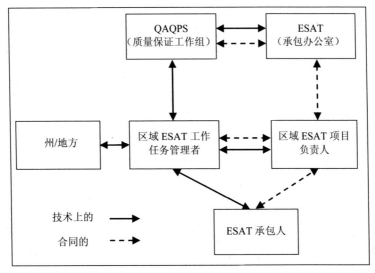

图 4-1　通信线路

4.3　定义

4.3.1　缩略词

本书前部所列为缩略词。

4.3.2　表格

（1）COM-1——电话交流表，具体如表 4-5 所示；

（2）COM-2——每周进度报告，具体如表 4-6 所示；

（3）COC-1——滤膜库存和追踪表，具体如表 4-8 所示。

4.4　设备和材料

通信必备的固定设备和易耗品：

（1）电话；

（2）实验室个人电脑，具备互联网和 EPA 电子邮件权限；

（3）激光打印机；

（4）文具；

（5）实验室通信笔记簿；

（6）对应的表格。

4.5　通信程序

4.5.1　电话通信

4.5.1.1　相关议题通信

现场人员或实验室分析员（LA）可随时启动呼叫。在交谈期间，实验室分析员（LA）将使用实验室通信笔记簿上的电话交流表格（表 4-5）记录交谈内容。记录将包括下列内容：日期、时间、参与人员、议题、决策、后续行动、后续行动职责、后续行动完成日期。

如果实验室分析员（LA）要求进行后续行动，则应在周报中收录这些行动（见本书第 5.2 小节）。实验室分析员（LA）至少应保存纸版原始记录（在实验室通信笔记簿上），也可在软磁盘上保存此信息的电子记录。

4.5.1.2　现场通信

> ➤　**滤膜装运**

每隔 2 周，通过联邦快递（第 8 章）将滤膜运送到 4 个现场区域，交付给区域 4 或区域 10 的现场人员。装运当天，实验室分析员（LA）将与现场人员沟通（见表 4-1，现场人员一栏）并提供下列信息：

（1）装运日期；

（2）装运的滤膜数量；

（3）装运的箱子数量；

（4）航空运送单号码。

实验室分析员（LA）也将发送一封包含同样信息的电子邮件给现场人员，并抄送给其 ESAT 工作调度人员（WAM）以及 EPA 负责区域现场的工作调度人员（WAM）（见表 4-1）。

> ➤　**设备装运**

通过联邦快递，实验室每月将冷却器、温度计和冷媒运回给区域办公室（见 PEPL-9.01）。装运当天，实验室分析员（LA）将与现场人员沟通（见表 4-1，现场人员一栏）并提供下列信息：

（1）装运日期；

（2）装运的箱子数量；

（3）追踪单号。

实验室分析员（LA）应发送包含同样信息的电子邮件给现场人员，并抄送给其 ESAT 工作调度人员（WAM）以及 EPA 负责区域现场的工作调度人员（WAM）（见表 4-1）。

> **ESAT 电话会议**

实验室分析员（LA）有时参与 ESAT 工作组电话会议，讨论进展或解决议题。工作调度人员（WAM）至少在电话会议前 3 天将电话会议需要准备的信息告知实验室分析员（LA）。

在电话会议期间，实验室分析员（LA）使用电话交流表（表 COM-1）记录与实验室有关的议题/行动项。这些项目将收录在下一次进度周报中。

4.5.2　进度周报

每周五或每周最后一个工作日，实验室分析员（LA）向工作调度人员（WAM）提供一份书面进度报告。每周进度报告表 COM-2 包括下列信息：

（1）报告日期——报告涵盖的开始日期和结束日期。

（2）报告人——书写报告的人。

（3）进度——实验室活动的进度。

a. 采样前处理——报告日期范围内准备的滤膜；

b. 采样后处理——报告日期范围内称重的滤膜，以及提交给 Aerometric 信息检索系统的数据；

c. 装运——报告日期范围内运送给各区域；

d. 收件——报告日期范围内收到的滤膜（总量）。

（4）议题：

旧议题——在上次报告中未解决的议题；

新议题——报告日期范围内出现的议题。

（5）行动——解决议题的必要行动，包括负责解决议题的人，以及议题解决的预计日期。

另外，周报中还包含更新的滤膜库存和追踪表 COC-1。实验室分析员（LA）用三孔活页夹保留一份关于进度周报的完整记录。

4.5.2.1　滤膜库存和追踪表

滤膜必须在规定的有效时间周期内使用及称重（见图 4-2），应对这些时间周期进行检查。实验室人员使用滤膜库存和追踪表（COC-1）追踪滤膜，从采样前称重一直到信息上传至 AIRS。所有称重的滤膜应记入此追踪表中。如果数据收集过程中，滤膜由于某种原因导致作废，应在此表中做标记。滤膜库存和追踪表（COC-1）用来确定滤膜是否在有效期以及滤膜所处的进程。基于数据管理系统（见第 11 章），此表可被其他数据表引用，因此，滤膜库存和追踪表（COC-1）具有报告功能。

4.5.3　通信概述

表 4-1 提供一份关于主要通信活动的概述。

表 4-1　通信摘要

人员	通信至	通信作用
负责实验室工作的工作任务管理者（WAM）	空气质量规划与标准办公室实验室分析员	滤膜装运 额外的资源需求 可交付物审核 数据审核 纠正措施 日程变更
实验室分析员	工作调度人员 现场人员 空气质量规划与标准办公室	实验室进展 问题/议题/日程变更 输出滤膜/设备装运 从现场收到滤膜 AIRS 上传
现场人员	实验室分析员	来自现场的滤膜装运 现场数据的电子邮件邮寄 滤膜/设备请求
空气质量规划与标准办公室	实验室分析员	传送给 AIRS 的数据

4.5.4　实验室时间轴

实施过程中，滤膜的保存周期十分关键。如图 4-2 所示，按照联邦政府管理条例的规定，空白滤膜必须在称重后的 30 d 内使用，否则滤膜必须重新平衡称重。图 4-2 表明必须在采样结束后的 96 h 内收集加载的滤膜。一般现场人员会在采样周期结束后的 8～48 h 内完成滤膜收集。滤膜收集的当天，将滤膜快递（次日送达）至相应的实验室。从便携式采样器上下载相关数据并储存至两种媒介中（硬盘和两个软盘）。一个数据软盘将与样品一起装运，也可通过调制解调器将数据传送至相应的实验室。表 4-2 提供了上述讨论的关键活动的概要。

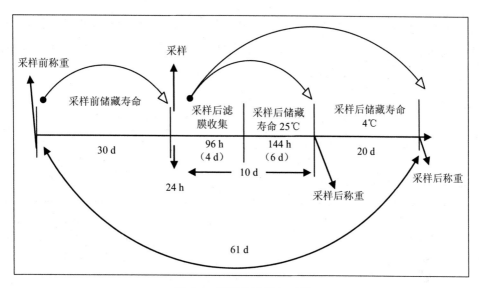

图 4-2　滤膜关键保持时间

表 4-2　执行概要

执行阶段	活动	可接受时间周期
实验室	采样前称重	30 d
	采样后称重	10 d
	数据输入/审核/验证	10 个工作日
	AIRS 上传	5 个工作日
现场	滤膜使用	采样前称重的 30 d
	滤膜收集	从样品结束日期/时间起 8～48 h
	滤膜/数据装运	样品移除的 8 h 内

　　表 4-3 为滤膜数量估算。估计每个月现场需要的滤膜数量（滤膜/月），包括现场空白和并置的滤膜，但是不包括实验室质量控制滤膜。此表是为区域 4 和区域 10 实验室开发的，用于帮助精确估算滤膜的需求量。此估算基于州和地方监测站（SLAMS）/国家大气监测站（NAMS）的采样器的数量。然而，当区域内的各报告机构收到关于各常规监测仪确切设计方法的附加信息时，实际值可能稍高。

表 4-3　滤膜数量估算

区域	NAM/SLAMS	地点/年	地点/季度	地点/月	滤膜/月	滤膜/年
1	67	17	17	6	9	113
2	58	15	15	5	8	99
3	95	24	24	8	13	155

区域	NAM/SLAMS	地点/年	地点/季度	地点/月	滤膜/月	滤膜/年
4	181	45	45	15	24	284
5	162	41	41	14	21	255
6	114	29	29	10	15	183
7	66	17	17	6	9	111
8	51	13	13	4	7	89
9	105	26	26	9	14	170
10	48	12	12	4	7	84
总计	947	239	239	81	127	1 575

根据表 4-3 的估算，表 4-4 提供了各实验室每月滤膜制备要求的概要。

表 4-4 每月滤膜准备估算

区域 4 实验室		区域 10 实验室	
区域	每月滤膜要求	区域	每月滤膜要求
1	9	5	21
2	8	7	9
3	13	8	7
4	24	9	14
6	15	10	7
总计	69	总计	58

根据图 4-2，必须在采样结束后 10 d（如果 25℃环境下保存）内或 30 d（如果 4℃环境下保存）内对滤膜进行称重。即使滤膜保存在 4℃条件下，区域 4 和区域 10 实验室会在样品接收后的 10 d 内对加载滤膜进行称重。

4.6 记录管理

根据 AIRP/484，进度周报将被归档至实验室报告文件中。根据 SAMP/502/COM，电话通信也将被归档入实验室报告文件中。

表 4-5 电话通信表（COM-1）

日期：　　　　　　　　时间：　　　　　　　　记录员：

通话人员：

议题：

决策：

后续行动：

后续责任：

后续行动的完成日期：

表 4-6　进度周报（COM-2）

报告日期：	开始日：	结束日：	报告人：

进度			

采样前处理： 此期间称重的滤膜：	采样后处理： 此期间称重的滤膜： 上传至 AIRS 的滤膜数据：

滤膜装运：	区域	滤膜	日期	滤膜收件：	区域	滤膜	日期

议题	

旧：	新：
行动：	行动：

不限格式的备注：

表 4-7　ESAT 联系方式

姓名	地址	电话号码	电子邮件
ESAT			
Angela Edwards Kathleen Engel Monica McEaddy Colleen Walling	U.S. EPA 401 M Street，SW Washington，DC 20460	（703）603-8709	edwards.angela@epa.gov
	Monica and Colleen Walling 5203G Kathleen and Angie 3805R	（202）564-4504 （202）564-4503	engel.kathleen@epa.gov mckeaddy.monica@epa.gov walling.colleen@epa.gov
OAQPS			
Michael Papp Tim Hanley Mark Shanis	U.S. EPA Office of Air Quality Planning & Standards MQAG（MD-14） RTP，NC 27711	（919）541-2408 （919）541-4417 （919）541-1323 （919）541-0528	papp.michael@epa.gov hanley.tim@epa.gov shanis.mark@epa.gov
区域			
区域 1 WAM Mary Jane Cuzzupe PO Tony Palermo FS	U.S. EPA Region 1 New England Regional Laboratory 60 Westview Street/EMALEX Lexington，MA 02173	（781）860-4383 （781）860-4682	cuzzupe.maryjane@epa.gov palermo.anthony@epa.gov
区域 2 WAM Clinton Cusick PO Dick Coleates FS	U.S. EPA Region 2 Raritan Depot/MS103 2890 Woodbridge Ave. Edison，NJ 08837-3679	（908）321-6881 （732）321-6662	cusick.clinton@epa.gov coleates.dick@epa.gov

姓名	地址	电话号码	电子邮件
区域 3 WAM Theodore Erdman PO Fred Foreman FS	U.S. EPA Region 3 841 Chestnut Building/3ES11 Philadelphia，PA 19107 U.S. EPA Region 3 Office of Analytical Services/3ES-20 839 Bestgate Road Annapolis，MD 21401-3013	（215）597-1193 （215）566-2766	erdman.ted@epa.gov foreman.fred@epa.gov
区域 4 WAM Herb Barden Steve Hall PO Mike Birch FS LA	U.S. EPA Region 4 Science and Ecosystem Support Division 980 College Station Road Athens，GA 30605-2720 U.S. EPA Region 4 APTMD Atlanta Federal Center 61 Forsyth St.，SW Atlanta，GA 30303-3104	（706）355-8737 （706）355-8615 （706）355-8552	barden.herbert@epa.gov hall.johns@epa.gov birch.mike@epa.gov
区域 5 WAM Gordon Jones PO Jay Thakkar FS	U.S. EPA Region 5 77 West Jackson Blvd./AR18J Chicago，IL 60604-3507 / SM5J	（312）353-3115 （312）886-1972	jones.gordon@epa.gov thakkar.jay@epa.gov
区域 6 WAM Kuenja Chung PO Melvin Ritter FS	U.S. EPA Region 6 First Interstate Bank Tower at Fountain Place 1445 Ross Avenue Dallas，TX 75202-2733 U.S. EPA Region 6 Laboratory Houston Branch/6MD-HC 10625 Fallstone Road Houston TX 77099	（214）665-2729 （281）983-2146	chung.kuenja@epa.gov ritter.melvin@epa.gov

姓名	地址	电话号码	电子邮件
区域 7 WAM Mike Davis	U.S. EPA Region 7 ENSV/EMWC 25 Funston Road Kansas City，KS 66115	（913）551-5081	davis.michale@epa.gov
PO Harold Brown FS	U.S. EPA Region 7 726 Minnesota Ave/ENSV/RLAB Kansas City，KS 66101	（913）551-5127	brown.harold@epa.gov
区域 8 WAM Joe Delwiche	U.S. EPA Region 8 999 18th Street/8P2-A Suite #500 Denver，CO 80202-2466/	（303）312-6448	delwiche.joseph@epa.gov
PO Barbara Daboll FS	8TMS-L	（303）236-5057	daboll.barbara@epa.gov
区域 9 WAM Mathew Plate	U.S. EPA Region 9 75 Hawthorne St./PMD-3 San Francisco，CA 94105	（415）744-1493	plate.mathew@epa.gov
PO Rose Fong FS		（415）744-1534	fong.rose@epa.gov
区域 10 WAM Karen Marasigan	U.S. EPA Region 10 1200 Sixth Ave/ES-095 Seattle，WA 98101	（206）553-1792	marasigan.karen@epa.gov
PO Gerald Dodo FS LA	U.S. EPA Region 10 Manchester Laboraory 7411 Beach Drive East Port Orchard，WA 98366	（206）553-8728	dodo-gerald@epa.gov

** OAQPS AIRS 数据库管理员

表 4-8　滤膜库存和追踪表（COC-1）

滤膜 ID	滤膜盒 ID	采样前称重日期	采样前装运日期	区域	采样开始日期	采样结束日期	实验室接收日期	采样后称重日期	上传 AIRS 日期	标记	实验室分析员姓名缩写

5　滤膜的处理、库存和检验

5.1　适用范围

本章规定了滤膜处理、接收和检验程序。

5.2　方法概述

从空气质量规划与标准办公室（OAQPS）接收未开封的滤膜；应在平衡之前清点并检验滤膜质量。

5.3　定义

附录一包含了性能评估项目（PEP）中使用的术语。

5.4　注意事项

（1）滤膜处理不当是实验室误差的一个主要来源；

（2）注意处理未暴露和暴露的滤膜；

（3）严格遵循滤膜称重、贴标签及运输的所有程序，以减少测量误差；

（4）避免滤膜处理时误操作导致颗粒物的损失；

（5）避免滤膜平衡不充分和滤膜超时效称重，使得滤膜重量变化，导致 $PM_{2.5}$ 浓度误差。

5.5　人员资质

要求经过 $PM_{2.5}$ 美国联邦标准方法（FRM）性能评估项目的培训，并取得实验室部分的笔试和实际操作能力认证。

5.6　设备和材料

实验室分析员（LA）将使用下列仪器和材料实施此程序：

（1）滤膜；

（2）滤膜库存/检验表 INV-02，具体如表 5-1 所示；

（3）测光台；

（4）光滑的无锯齿镊子，储存在自封袋中；

（5）实验室工作服；

（6）无粉防静电手套；

（7）无绒实验室抹布；

（8）培养皿。

表 5-1　滤膜库存/检验表（INV-02）

| 批号 | 盒编号 | 滤膜 ID 数值范围 | | 接收日期 | 检验日期 | 验收 | 实验室分析员首字母 |
		从	至				

5.7　操作与控制程序

5.7.1　滤膜处理

滤膜处理过程中应避免污染滤膜。其他章节中详细规定了在实验室操作过程中不同阶段滤膜的处理程序。通常滤膜处理的要点：

（1）处理滤膜时，应佩戴无粉防静电手套并穿着实验室工作服。戴上手套后，需将手背与电气接地装置接触，释放手套上携带的静电荷。

（2）使用干净、光滑、无锯齿镊子。镊子应按用途区别使用（夹取空白滤膜、夹取加载后滤膜、夹取砝码）。

（3）使用镊子时小心托住滤膜支撑环，不要触碰到滤膜采样区。

（4）使用一次性的无绒实验室抹布清洁镊子，晾干后使用。

（5）镊子应在塑料袋中保存。

（6）如果镊子接触到滤膜采样区，则需使用一次性的无绒实验室抹布清洁镊子，避免交叉污染。

（7）如果滤膜被污染，则必须对滤膜进行标记（采样后滤膜被污染）或废弃（采样前滤膜被污染）。

（8）在滤膜称重前，检验合格的滤膜只能触碰培养皿、镊子、抗静电袋子、称重盘。

（9）滤膜称重后，按照滤膜追踪管理程序（COC）检验以前，滤膜只能与镊子、培养皿和滤膜夹接触。

（10）滤膜按照滤膜追踪管理程序（COC）检验后，只能与培养皿、镊子、抗静电袋子、称重盘接触。

5.7.2 滤膜库存和检验

5.7.2.1 新货，预检滤膜库存

每年11月，应准备好实验室下一年所需的滤膜。滤膜以盒为单位，每盒50片滤膜。通常，滤膜盒外用塑料膜密封。如果没有密封，可能空气质量规划与标准办公室（OAQPS）的承包人曾打开检查滤膜。滤膜拆封之前，区域4和区域10的工作调度人员（WAM）和/或实验室分析员（LA）应对滤膜盒数进行盘存。

注：滤膜的批次号标注在其密封膜上。滤膜拆封之前，应记录批次号和滤膜盒编号。

（1）取一张滤膜库存/检验表 INV-02；

（2）接收所有滤膜盒，在塑料膜包装上查找批号；

（3）按照批次号对滤膜盒进行分组；

（4）同一批次滤膜，按照滤膜盒编号整理；

（5）填写表 INV-02；

（6）保存原件并将其归档到 AIRP/486，并为工作调度人员（WAM）提供一份副本。

5.7.2.2　滤膜检验

滤膜平衡前，实验室分析员（LA）应对滤膜进行检验。一盒内所有滤膜应同时进行检验。根据每隔 2 周需发送到现场区域的滤膜数量，每个月应对滤膜进行检验。应在恒温恒湿室内检验滤膜。

（1）穿着实验室工作服，佩戴全新的防静电手套。

（2）选择滤膜库存/检验表 INV-02。

（3）按表 INV-02 核对滤膜批次号后，以先进先出顺序，选择一盒新的滤膜，并将其打开。

（4）用干净的镊子夹取一片滤膜。

（5）目测滤膜是否存在下列具体缺陷。

①小孔——在测光台上进行检查时显示为明显的光亮点。如果亮点出现，则将滤膜翻过来，若亮点仍然存在，则可认定滤膜存在小孔。

②环的间隔——滤膜和支撑环的滤膜边缘之间的任何间隔或密封不够。

③金属箔片或防水板——加强聚烯烃环或热封区域上的任何多余物料，将会阻止采样期间的气封。

④黏附物质——任何黏附在滤膜上的多余物质或尘埃颗粒。

⑤变色——引起污染的任何明显的变色。

⑥滤膜不均匀性——在可显示整个滤膜表面孔隙度或密度渐变的测光台或黑色背景上进行检查时，滤膜外观上任何明显可见的不均匀性。

⑦其他——比如表面不规则等。

（6）将不合格的滤膜丢弃（不要放在培养皿中）。

（7）合格的滤膜将其放到培养皿中并平衡（见第 6 章）。

（8）重复步骤（4）～（6），检查完该整盒滤膜，清点该盒滤膜的合格数量，将此数量、日期和实验室分析员（LA）的首字母填写到表 INV-02 中。

（9）重复步骤（3）～（8），检查其他盒滤膜。

（10）最后将不合格的滤膜放到废料区域中。记录滤膜盒的信息以及实验室分析员（LA）的首字母和日期，并将记录条放入信封中。该记录有助于对滤膜不合格原因和详细资料进行评估（如有必要）。如果不合格率大于 15%，则联系工作调度人员（WAM）。

6　滤膜平衡

6.1　适用范围

本章规定了在 PM$_{2.5}$ 性能评估项目（PEP）中，各种滤膜的平衡程序。

6.2　方法概述

按组平衡滤膜，这样既能保证滤膜及时送至现场，也能留有足够的空间来平衡采样后滤膜。这些程序描述了平衡调控的时间、需平衡的样品数量以及滤膜平衡的方法和操作过程。

6.3　定义

附录一包含了性能评估项目（PEP）中使用的术语表。

6.4　注意事项

（1）保持平衡区域的整齐有序，以便不会污染、误放或误识样品；

（2）控制恒温恒湿室在规定的温度和湿度范围以内（平均温度：（20～23）℃±2℃，24 h 以上；平均相对湿度：（30%～40%）±5%，24 h 以上），空气可从天平和调控区内流动至相邻的其他区域或房间；

（3）对恒温恒湿室中的空气进行过滤，以减少来自大气浮尘的污染；

（4）房间的进气系统必须具备高效空气过滤供给系统以使空气污染物最小化，每个月应更换滤膜；

（5）房间应维持在微正压状态；

（6）恒温恒湿室的入口和出口应最小化；

（7）每天都要对称重区域做清洁，在房间入口处覆盖黏胶地板，穿着洁净的实验室工作服（盖住先前暴露于不可控环境的衣物）以使粉尘污染减至最小。

6.5　干扰因素

有些新的空白 Teflon 滤膜从原运输盒中取出 6 周后，其重量损失达到 150 μg。尽管用于联邦标准方法（FRM）性能评估（PE）的滤膜基本不会存在此问题，但实验室人员在接收任何一批新滤膜时都应检查滤膜的失重情况。在滤膜重量确认稳定之前，该批次滤膜不得投入使用。

如果采样地点有硝酸蒸气的存在，则它会在 Teflon 滤膜上沉积并引起少量增重，增加重量与环境空气中的硝酸含量成比例（Lipfert，1994），该增重可能是不可控的。化合物的热分解、化学分解或蒸发则会导致失重，如硝酸铵（NH$_4$NO$_3$）会挥发并释放出氨和硝酸气体。若颗粒物成分中含有半挥发性有机化合物（SVOCs），其挥发可能造成样品重量的损失。在滤膜运输至称重实验室过程中保持滤膜冷却以及在实验室收到滤膜后迅速进行平衡和称重，可让重量损失达到最小化和标准化。石英滤膜和玻璃纤维滤膜由于本身化学性质局限，更容易受到外部环境的影响，如亲水性、与碱性或酸性气体反应以及纤维脱落等现象，可能引起比 Teflon 滤膜更大的增重或失重现象，因此需要更长的平衡时间。

6.6　人员资质

要求经过 PM$_{2.5}$ 联邦标准方法（FRM）性能评估项目的培训，并取得实验室部分的笔试和实际操作能力认证。

6.7　设备和材料

实验室分析员（LA）应使用下列仪器和材料实施此程序：

（1）批次滤膜稳定性测试表（FST-01），具体如表 6-1 所示；

（2）采样前空白滤膜稳定性测试表（FST-02），具体如表 6-2 所示；

（3）采样后常规滤膜稳定性测试表（FST-03），具体如表 6-3 所示；

（4）滤膜数据输入表（BAT-01），具体如表 6-4 所示；

（5）性能评估项目（PEP）滤膜管理程序（表 COC-2）；

（6）未开封，包装盒用塑封包装的 PM$_{2.5}$ 滤膜；

（7）无粉防静电手套；

（8）实验室工作服；

（9）光滑、无锯齿形的镊子；

（10）分析天平；

（11）滤膜；

（12）培养皿；

（13）空白滤膜的培养皿标签；

（14）用于单独带状底座和鹅颈管支架上的钎带。

表6-1　批次滤膜稳定性测试表（FST-01）

PEP空白滤膜批次稳定性测试											
所属批次#＿＿＿＿＿＿　所属滤膜包装盒号＿＿＿＿＿＿　实验室分析员首字母＿＿＿＿＿											
		日期		日期		日期		日期		日期	总天数	平均值
			1-2		2-3							
	滤膜ID	第1天/mg ××××××	差异/μg ×××	第2天/mg ××××××	差异/μg ×××	第3天/mg ××××××	差异/μg ×××	第4天/mg ××××××	差异/μg ×××	第5天/mg ××××××		
QC1 100 mg	■		■		■						■	
QC2 200 mg	■		■		■						■	
滤膜1												
滤膜2												
滤膜3												
滤膜4												
滤膜5												
滤膜6												
滤膜7												
滤膜8												
滤膜9												
QC1 100 mg	■		■		■		■		■		■	
QC2 200 mg	■		■		■		■		■		■	

表 6-2　采样前空白滤膜稳定性测试表（FST-02）

PEP 空白已暴露滤膜批次稳定性测试

所属滤膜包装盒号＿＿＿＿＿＿＿　　　　实验室分析员首字母＿＿＿＿＿＿＿

滤膜 ID	日期		日期		日期		日期		日期
		1-2		2-3					
	初重/ mg ××× ×××	差异/ μg ×××	第 1 天 (24 h) /mg ××× ×××	差异/ μg ×××	第 2 天 (48 h) /mg ××× ×××	差异/ μg ×××	第 3 天 (72 h) /mg ××× ×××	差异/ μg ×××	第 4 天 (96 h) /mg ××× ×××
QC1 100 mg									
QC2 200 mg									
滤膜 1									
滤膜 2									
滤膜 3									
QC1 100 mg									
QC2 200 mg									

表 6-3　采样后常规滤膜稳定性测试表（FST-03）

PEP 采样后常规滤膜稳定性测试

所属滤膜包装盒号＿＿＿＿＿＿＿　　　　实验室分析员首字母＿＿＿＿＿＿＿

滤膜 ID	日期		日期		日期		日期		日期
		1-2		2-3					
	第 1 天 (24h 称重) / mg ××× ×××	差异/ μg ×××	第 2 天 (12～24 h) / mg ××× ×××	差异/ μg ×××	第 3 天 (12～24h) / mg ××× ×××	差异/ μg ×××	第 4 天 (12～24 h) / mg ××× ×××	差异/ μg ×××	第 5 天 (12～24 h) / mg ××× ×××
QC1 100 mg									
QC2 200 mg									
滤膜 1									
滤膜 2									
滤膜 3									
QC1 100 mg									
QC2 200 mg									

表 6-4　滤膜数据输入表（BAT-01）

PEP 滤膜称重数据输入表

批式：<u>采样前/采样后</u>　　　　　　　批号：_____

过去 24 h 平均温度_____　　SD：_____
过去 24 h 平均相对湿度_____　　SD：_____

样品	滤膜 ID	滤膜类型 00/LB/FB CO/BD/PD	盒子 ID	重量 1 ×× ××× mg	重量 2 ×× ××× mg	标记
QC1	100 mg					
QC2	200 mg					
滤膜						
滤膜						
滤膜						
滤膜						
滤膜						
滤膜						
滤膜						
滤膜						
滤膜						
滤膜						
滤膜						
滤膜						
滤膜						
滤膜						
滤膜						
复制品 1		BD				
复制品 2		DU				
复制品 3		DU				
QC1	100 mg					
QC2	200 mg					

注：00——采样前滤膜；LB——实验室标准滤膜；FB——现场空白滤膜；CO——配置的样品；BD——重复批次；PD——先前批次的重复。

6.8　操作与控制程序

6.8.1　同一批次滤膜平衡时间测试的程序

此程序描述了如何确定同一生产批次的滤膜最短平衡时间以及选择样品进行测试

的原则。每一批次的滤膜，此程序仅需完成一次。具体程序如下：

注：直到滤膜被编码存档之后才执行此方法（见第 5 章）。

（1）按照第 5 章的规定进行滤膜盘存；

（2）从滤膜库存中随机选取 3 盒滤膜；

（3）从每一盒滤膜中随机选取 3 片滤膜，这样总共提供 9 片滤膜；

（4）检验这 9 片滤膜；

（5）如果滤膜合格，则将每一片滤膜放入培养皿中并在培养皿上对各滤膜进行编号；

（6）取一张滤膜稳定性测试表（FST-01）并对每一片滤膜进行记录；

（7）平衡 24 h；

（8）24 h 后，每隔 24 h 对滤膜进行称重并至少连续重复 5 d 该称重操作，直到全部的 9 片滤膜的连续两天称重的差异小于 15 μg；如果测试超过 5 d，则取另外一张滤膜稳定性测试表（FST-01），并继续记录数据；

（9）记录每一张滤膜平衡稳定所需的时间（以 d 为单位）；

（10）计算这 9 片滤膜平衡稳定的平均持续时间。实验室分析员（LA）以该平均值作为滤膜的平衡时间，即可知道滤膜拆封后需平衡多久重量才能稳定。

注：应注意测试期间，滤膜重量的变化趋势，可用绘图的方式分析数据。若测试期间，滤膜的重量呈递减的趋势，即使每天重量的减少小于 15 μg，也说明滤膜出现失重，这也是滤膜需进行平衡的重要原因。实验室分析员（LA）可能会继续做这个测试，直到重量递减趋势停止或忽略不计（小于 5 μg 差异）。如果滤膜呈重量增加的趋势，则说明实验室可能有污染，必须对其进行校正。

6.8.2　采样前滤膜的平衡程序

此程序描述了如何确定一组采样前的滤膜是否进行充分平衡（重量稳定）的方法，平衡后实验室人员方可对滤膜进行称重并装运到现场。具体程序如下：

（1）对照滤膜库存/检验表（INV-02），选取一组滤膜；

（2）按照第 5 章，检验这些滤膜；

（3）将合格的滤膜放入单独的培养皿中，并将其置于恒温恒湿室中，让盖子盖住滤膜的 3/4；

（4）滤膜应摆放在指定区域且分类摆放，以便实验室分析员（LA）能够识别；

（5）按照第 6.8.1 节所确定的平衡时间，平衡滤膜；

（6）从平衡后的滤膜中，随机选取 3 片滤膜；

（7）选择一张采样前空白滤膜稳定性测试表（FST-02）；

（8）对这 3 片滤膜称重，质量控制人员根据第 8 章对称重结果进行检查，同时记录初重；

（9）保持平衡所需的温度和相对湿度；在滤膜平衡中使用与电脑相连的数据采集系统记录电子仪器输出的数值，连续测量温度和相对湿度；记录每一个 24 h 内恒温恒湿室的温度和相对湿度的平均值和变化范围，并在实验室信息管理系统（LIMS）和/或实验室质量控制笔记簿上记录；

（10）24 h 后再次对这 3 片滤膜进行称重，记录连续称重的差异，以 μg 为单位；

（11）每隔 24 h 对滤膜进行称重，直到每片滤膜偏差的平均值≤5 μg，且每片滤膜偏差≤15 μg。只有满足这个条件才可称重。

6.8.3　采样后滤膜的平衡程序

6.8.3.1　滤膜的分组处理

此程序描述滤膜分组的方法。实验室分析员（LA）按组对采样后滤膜进行平衡称重，每组滤膜应由 15 片滤膜组成，包括：

（1）10 片采样后滤膜；

（2）至少 1 片现场空白滤膜（准备 2 周的采样滤膜和空白滤膜并运至现场）；

（3）至少 1 片实验室标准滤膜（空白参比滤膜）；

（4）前一组的滤膜 1 片（加载滤膜）；

（5）QC（质量控制）样品（工作质量控制样品，副本等）；

（6）1 片搭配的样品滤膜（可选）。

注：每个月里，区域 4 预计处理 69 片（采样膜和空白膜）滤膜，区域 10 预计处理 58 片滤膜。

见第 4 章表 4-4，具体如下：

（1）审查 COC 表格；

（2）按照滤膜接收的时间顺序，选取一组滤膜；

（3）选择实验室标准滤膜，标准滤膜数量不限；

（4）填写滤膜批次数据输入表（BAT-01）。

6.8.3.2　采样后滤膜的平衡调控

此程序描述了如何平衡采样后滤膜的方法。有的滤膜存储在冰箱中，有的室温放置。

（1）将冰箱中的滤膜放于实验室中冷却至室温 12~24 h；

注：由于滤膜和滤膜盒的温湿度与恒温恒湿室不同，将其直接放入恒温恒湿室会影响恒温恒湿室的温湿度控制情况。因此收到采样滤膜之后不要立即将其摆放到恒温恒湿室中。滤膜放置在塑料袋中，不用担心被污染。

（2）执行第 10 章中所述的滤膜接收 COC 程序；

（3）将滤膜放入恒温恒湿室平衡 24 h，其平衡环境与采样前平衡环境相同（比如，平均相对湿度差异控制在±5%内）；

（4）24 h 后，从中选取 3 片采样后滤膜；

（5）选择一个采样后滤膜稳定性测试表（FST-03）；

（6）对这 3 片滤膜进行称重，质量控制人员根据第 8 章对称重结果进行检查同时记录初重；

（7）保持所需的温度和相对湿度；在滤膜平衡中使用与电脑相连的数据采集系统记录电子仪器输出的数值并连续测量温度和相对湿度；记录每一个 24 h 内恒温恒湿室的温度和相对湿度的平均值和变化范围，并在实验室信息管理系统（LIMS）和/或实验室质量控制笔记簿上记录；

（8）至少等待 8 h 后再次对这 3 片滤膜进行称重，记录连续称重的差异，以μg 为单位；

（9）每隔 12~24 h 继续称重该 3 片滤膜，直到 3 片滤膜中的 2 片满足连续重量值差异≤15 μg；只有满足这个条件，该组滤膜才可称重；

（10）按照第 8 章，进入采样后滤膜称重程序。

7　校　准

7.1　工作标准砝码的季度验证

7.1.1　适用范围

本章规定，每隔 3 个月比较工作标准砝码与实验室基准砝码，以确保工作标准砝码仍然有效可用。此方法适用于所有称量。

7.1.2　方法概述

双替代程序是指基准砝码和工作标准砝码进行两次相互比较，以确定两次重量的平均差异。通过利用天平作为比较仪并校准天平，消除内置砝码或天平的误差。因此，此程序对于高精度校准特别有效。此程序是为特定应用和设备配置定制的，版本是 NIST 手册第 145 号中标准操作程序第 4 号。

工作标准砝码和基准砝码各进行两次称重。首先称量工作标准砝码再称量基准砝码，然后重复称量基准砝码，最后称量工作标准砝码。保持固定的称量间隔时间，避免天平漂移带来的影响。

7.1.3　定义

此程序中使用下列符号：

p ——PE 实验室基准砝码；w ——需验证的工作标准砝码；M ——特定砝码的质量。下标 p 和 w 用于确定重量。

AM ——特定砝码的表观质量。下标 p 和 w 用于确定重量。

7.1.4　干扰因素

由于砝码质量太小，砝码和/或分析天平的污染可能影响校准的结果。建议在校准前，实验室分析员（LA）应彻底清洁可能带来污染的身体区域。

实验室分析员（LA）必须在可能受到污染的衣服上穿着一件干净的实验室工作服，并且必须戴上一次性无污染的无粉防静电手套。咳嗽或打喷嚏的人不得进入称重/平衡室。

7.1.5　人员资质

要求经过 PM$_{2.5}$联邦标准方法（FRM）性能评估项目的培训，并取得实验室部分的笔试和实际操作能力认证。

7.1.6　设备和材料

使用 ASTM 1 级基准砝码来验证工作标准砝码。该砝码应具备 NIST 的校准证书且证书在有效期内。天平必须处于良好的运行状态，校准验证其性能。工作标准砝码保存在其盒子内，实验室基准砝码储存在气密（或至少可阻止细颗粒物）、限制进入或紧闭的隔间里。

必须使用下列设备实施此程序：

（1）Sartorious MC5 分析天平；

（2）ASTM 1 级　NIST——工作标准砝码（100 mg 和 200 mg）；

（3）ASTM 1 级　NIST——实验室基准砝码（100 mg 和 200 mg）；

（4）非金属质量钳子（每套配备一个）；

（5）秒表或其他计时装置，观察每次测量的时间；

（6）实验室无粉防静电手套；

（7）实验室工作服；

（8）季度标准验证表（QSV-01），具体如表 7-1 所示；

（9）酒精棉片。

7.1.7　仪器验证

仪器验证程序如下：

（1）用一块酒精棉片将工作区域擦干净；

（2）将实验室基准砝码放置到靠近天平的工作标准砝码旁边，放置一夜达到热平衡；

（3）使用 200 mg 的工作标准砝码进行初步测量，并且验证天平读数稳定所需的时间约为 20 s（远低于 1 min），此程序重复若干次；

（4）根据 Sartorious 天平《安装和操作说明》（见 1～22 页和 1～28 页），使用 TARE 键进行调零，使用 F1 键进行校准；

表 7-1　季度标准验证表（QSV-01）

试验号：＿＿＿＿＿＿＿＿　版本号：＿＿＿＿＿＿＿＿＿＿　日期：＿＿＿＿＿＿＿＿＿

项目识别：＿＿＿＿＿＿＿＿＿＿＿＿＿＿＿＿　天平：＿＿＿＿＿＿＿＿＿＿

标准识别：＿＿＿＿＿＿＿＿＿＿＿＿＿＿＿＿　观察员：＿＿＿＿＿＿＿＿＿

c_p（200 mg）＝＿＿＿＿＿＿±＿＿＿＿＿＿　c_p（100 mg）＝＿＿＿＿＿±＿＿＿＿＿

时间：＿＿＿＿＿＿＿＿＿＿＿＿　天平标准偏差：＿＿＿＿＿＿＿＿＿＿＿＿＿＿

200 mg 试验

测量	重量	观察值
1	w	$O_1=$
2	p	$O_2=$
3	p	$O_3=$
4	w	$O_4=$

100 mg 试验

测量	重量	观察值
1	w	$O_1=$
2	p	$O_2=$
3	p	$O_3=$
4	w	$O_4=$

（5）打开防风罩；

（6）使用干净、贴有标签的标准非金属砝码镊子，将 200 mg 的工作标准（w）砝码轻轻放到称重盘上；

（7）关闭防风罩，等待读数稳定；20 s 后如果砝码仍然稳定，则在季度标准验证表上记录重量作为测量 1；

（8）打开防风罩并使用非金属砝码镊子取出砝码；

（9）关上防风罩使微量天平归零，等待至少 20 s 确认归零；如果没有归零，可使用 TARE 键对仪器进行手动调零；

（10）对于 200 mg 基准（p）和工作标准（w）砝码，重复步骤（2）～（6），以对其进行两次标准称重。注意对基准砝码进行连续称重。

测量编号	盘上砝码	观察编号
1	w	O_1
2	p	O_2
3	p	O_3
4	w	O_4

注：连续称重之间的时间间隔的差异应≤±20%，否则数据作废，重新称重。

（11）对于 100 mg 的砝码，重复步骤（2）～（6）；

（12）计算 C_w（见第 7.1.9.1 小节）；

（13）C_w 的后续测量必须具备初始 C_w 值的＋2 μg。

7.1.8　故障排除

如果测试中一致性不能满足（2μg）需重新测量，若仍不满足则使用外部基准（5g）确认天平是否正常。如果天平正常，则用单独、经认证、具有同样或稍高精确置信水平的砝码进行检查。如果天平测量不准确，则工作调度人员（WAM）应咨询维修技术人员。

7.1.9　数据采集、验证、计算和数据还原

7.1.9.1　计算

计算试验（工作标准）砝码（w）的表观质量修正 C_w 如式（7-1）所示。在不同情况下，也包括基准砝码的表观质量修正 C_p。符号 N_p 和 N_w 分别指的是 p 和 w 的标称值。

$$C_w = C_p +[（O_1-O_2+O_4-O_3）/2]+N_p-N_w \tag{7-1}$$

7.1.9.2　不确定性的分配（可选）

不确定性极限 U，包括在 99.73% 的置信水平下所使用质量标准的估计值 U_s 加上测量不确定性 U_m。U_m 的估计值表示为 ts。

$$U=±[U_s+ts] \tag{7-2}$$

式中，s——测量的标准偏差；

　　t——从表 9.3 所获取的值（见附件）。

➤　**来自控制图性能的已知测量精密度**（可选）（见 NIST 手册第 145 号中标准操作程序第 9 号）

s 的值从控制图数据获得。进行上述测量时，统计控制将需要通过测量至少一个标准样品进行验证。

使用表 9.3（NIST 参考）中适用于自由度 v 数量（df）的 t 值（对应于 99.73% 置信水平），以控制图的控制限度为基础。对于控制图中的每次测量，确定所使用的测量次数以获取值（n）并减去 1（d$f=v=n-1$）。

➢ **来自系列测量的估算精密度**（可选）

测量一个稳定的测试对象至少 7 次，1 d 之内不可以进行 2 次测量。按照第 2 章，计算平均差和标准偏差。方程式和 NIST 手册第 145 号中的一样，其用于计算在手册第 145 号中标准操作程序第 9 号的 4.4 节使用的 s 值。在这种情况下，选择表 9.3 的 t 值，以计算 s 中所涉及的自由度数量为基础。

注：同一天进行的重复测量仅估算短期的标准偏差。

7.2 分析天平的外部校准

7.2.1 适用范围

以 Sartorius 型号 MC5 分析天平为例，描述了分析天平的外部校准程序。当常规质量控制（QC）检查时（比如使用工作标准砝码验证分析天平，重复称量滤膜），发现分析天平没有处于校准状态，经工作调度人员（WAM）核准时，进行外部校准。

7.2.2 方法概述

将可溯源到 NIST 的基准砝码（5g）放置在天平上，校准天平使天平显示读数为 5 g。

7.2.3 定义

附录一包含了性能评估项目（PEP）中使用的术语表。"外部校准"是指使用基准砝码对分析天平进行单点校准。

7.2.4 注意事项

为确保天平的稳定性，分析天平应处于长期通电状态。此程序确保分析天平能够在任何时候正常运行并在使用前不再需要做其他准备。

天平维修技术员定期（比如一年两次）对分析天平进行校准，并根据制造商的建议对其进行维护。校准应该可溯源到 NIST。

如果按照此程序不能对分析天平进行校准，则授权维修技术人员，根据说明书对天平进行调整和维修。不要试图自己调整或维修分析天平。

使用专门配备的光滑、非金属镊子夹取基准砝码。该镊子不得用作其他用途。在镊子上做好标记，以将其与用于处理滤膜的镊子区分开来。使用酒精和无绒抹布清洁镊子，使用前晾干镊子。小心处理基准砝码以免受到损坏或污染而使其质量产生改变。

此程序使用基准砝码，而非工作标准砝码。

7.2.5　人员资质

要求经过 PM$_{2.5}$联邦标准方法（FRM）性能评估项目的培训，并取得实验室部分的笔试和实际操作能力认证。

7.2.6　设备和材料

须使用下列设备实施此程序：

（1）分析天平；

（2）可溯源到 NIST 的实验室基准砝码（ASTM 1 级）；

（3）非金属镊子，用于处理标准品；

（4）实验室无粉防静电手套；

（5）实验室工作服。

7.2.7　校准程序

（1）使用 ON/OFF 键关闭天平，然后重新打开；天平正常显示后，短按 PRINT 键应显示天平型号；按 CF 键显示序列号；在实验室质量控制笔记簿上记录天平型号和序列号；重新按 CF 键退出此功能；

（2）卸载天平称重盘并关闭防风罩；

（3）按 TARE 键至少 2s，直到显示"C.I."和"CAL"；

（4）按 F2 键直到显示"C.E."（用于外部校准）；

（5）再次按 TARE 键，显示零读数时按 F1 键，读数将以 g 为单位；

（6）如果外部有干扰影响校准，那么天平将短暂出现出错信息"Err02"，在这种情况下重复步骤（5）；

（7）使用数字键输入基准砝码的真实质量。然后，按"STO"的砝码显示上识别的 F1 键储存此质量值。在实验室的质量控制笔记簿上输入日期和时间、基准砝码的质量和基准砝码的识别号。

7.2.8　故障排除

关于分析天平，请查阅 Sartorious 天平《安装和操作说明》。文件的故障排除指南见第 1～33 页和第 1～34 页。为评估温度对称重敏感性的影响，请使用第 1～37 页和第 1～38 页的校准试验。如果已经移动天平，则使用第 1～39 页的实验。

7.3　记录温度计和记录湿度计的季度验证

7.3.1　适用范围

环境控制系统中的温度记录仪和湿度记录仪，连续测量和显示 PM$_{2.5}$恒温恒湿室内的温度和相对湿度。基于计算机的数据采集系统，对温度计和湿度计的响应值进行连续记录。响应值的精确度通过比对测试来验证，一个季度至少比对一次（设定值通常是35%RH），使用实验室参考标准和 Fisherbrand^{TM} 认证的可溯源的数字温度计/湿度计（DH/T）的即时模型。

7.3.2　方法概述

实验室参考的 Fisherbrand^{TM} 认证的可溯源的数字温度计/湿度计（DH/T）即时模型放置到空调环境里，在 24 h 内，在容许的 20～23℃运行范围内最高允许变化±2℃，在容许的 30%～40%相对湿度运行范围内最高允许变化±5%相对湿度。然后，将标准仪器组合探针的响应值与空调环境控制系统的温度计和湿度计的响应值进行比对。使用所记录的响应值，计算平均值和标准偏差。平均值与运行范围进行对比并必须处于运行范围内。标准偏差转换为适当的 T 或 RH 单位，并与控制限度对比且必须处于控制限度范围内。

实验室参考 DH/T 是一个包含两个传感器的组合探针。其中一个传感器是热敏电阻，由制造商根据 NIST 可溯源的温度进行校准，以便其测量称重和平衡室的环境或"干球"温度。探针的数字湿度计元件是一个精密的薄膜（半渗透膜）电容传感器。组合探针的电路系统使用预校准的热敏电阻输出和校准的电容变化来计算相对湿度，这种变化是由于水分量通过半渗透膜进入传感器而引起的。数字温度计和相对湿度探针部件的测量值与液晶显示屏和电脑示值读数显示了所选定的最高、最低或当前值。

此程序也验证了恒温恒湿室的温度和湿度控制系统在其控制限度范围内运行。

7.3.3　验收标准

PM$_{2.5}$联邦标准法（FRM）性能评估项目（PEP）实施计划（8/98）显示实验室质量控制检查的验收标准如下：

（1）温度标定：±2℃；

（2）湿度标定：±2% RH。

DH/T 的 Fisherbrand^{TM} 即时模型的认证精度为±0.2℃和±1.5% RH，在此应用中，

意味着 DH/T 的 Fisherbrand 即时模型满足通用标准验证要求，验证标准必须与用于验证的验收标准一样精确或比验收标准更精确。这些精度的认定非常重要。因此，当 NIST 确认 NIST 测试的任何引用都是正确的时候，应该对随 DH/T 一起提供的质量保证认证进行检查。

7.3.4 定义

附录一包含了性能评估项目（PEP）中使用的术语表。

对于此标准操作程序，校准与验证的区别如下：校准包含对传感器的响应和调整的多点特性描述，如果必要的话，在全校准范围内使它的输出与 NIST 可溯源标准一致。典型的验证包括传感器响应的单点或多点检查，以验证在公差范围内运行。

7.3.5 注意事项

空调环境内的相对湿度值将随着温度的变化而改变，如本章 7.3.10 小节所示。在空调环境的运行范围内，1℃的温度变化将产生大约 5% 的相对湿度变化。一定要意识到验证参数是相互作用的，如空调环境内部的温度和湿度水平是多变的。

实验室分析员（LA）应确保每年一次的实验室参考 DH/T 的检定安排，可允许制造商使用 NIST 溯源的温度和/或湿度参考标准来验证，或在持有 NIST 溯源证书的州称重和测量实验室验证，或在国家实验室自愿认可组织（NVLAP）所认可的校准实验室验证。

湿度传感器即精密薄膜电容（半渗透膜）传感器，温度传感器即热敏电阻，即便偶然的都不太可能在超出其宽广的工作范围之外运行。然而自从组合探针和液晶显示屏使用 9V 碱性电池（具有 1 年间歇使用极限和 100 h 连续使用极限）供电以后，当系统使用时间接近于指定使用极限时，应注意低电量指示。由于系统是以电子电路为基础的，所以应检查对探针、电缆或液晶显示屏的防护外壳的任何损坏部件造成的影响。

7.3.6 人员资质

要求经过 PM$_{2.5}$ 联邦标准方法（FRM）性能评估项目的培训，并取得实验室部分的笔试和实际操作能力认证。

7.3.7 设备和材料

须使用下列设备实施此程序：

（1）实验室参考 Fisherbrand^{TM} 即时模型 DH/T；

（2）增湿器和/或减湿器，如果空调环境不具备加湿能力；

（3）手册规定或计算机数据记录。

7.3.8 仪器校准程序

注：确保在启动此程序之前阅读环境控制系统和 DH/T 制造商使用说明。

（1）在空调环境中安装实验室参考 DH/T。将组合探针定位到尽可能靠近实验室平衡和称重区域的环境控制系统的温度和相对湿度传感部件。根据控制区的气流模式考虑传感器配置时，将参考标准探针放到控制系统传感器的下游以及微量天平的上游，使进入控制区的空气首先通过参考探针，然后在没有障碍物的情况下通过天平。

（2）按液晶显示屏/系统控制元件表面的 ON 键打开 DH/T，并让仪器稳定。当最初开启装置时进入自动滚屏模式，将显示一个读数后暂停，然后滚动到下一个测量。按 Hold /Scroll 键的 Hold 部分，停止滚动。显示屏仅显示当前测量值。

（3）当温度记录仪和湿度记录仪读数显示温度和相对湿度已经稳定，则手动或计算机记录来自温度记录仪、湿度记录仪、DH/T 的 T 和 RH 探针的读数（位于液晶显示屏读数屏或 DH/T 计算机输出的接收监测仪）。

在实验室质量控制笔记簿（纸张或电子表格）上以数据格式进行记录，如表 7-2 所示。

表 7-2 T，RH 1-pt 每月验证数据表

日期＿＿＿＿＿＿＿＿＿＿＿ LA 或维修技术员＿＿＿＿＿＿ T-STD 型号 No.＿＿＿＿＿

T-STD 序列号 No.＿＿＿＿ RH STD 型号 No.＿＿＿＿ RH-STD 序列号 No.＿＿＿＿

T/RH 记录仪型号 No.＿＿＿＿＿＿＿＿＿＿＿＿ 序列号 No.＿＿＿＿＿

试验观察记录（5 min 均值，至少 1 h）：

平均温度（℃）＝＿＿＿ 标准偏差 SD＝＿＿＿；平均标准温度（℃）＝＿＿＿ SD＝＿＿＿

平均差异（℃）＝＿＿＿

平均相对湿度（%RH）＝＿＿＿，SD＝＿＿＿；平均标准（%RH）＝＿＿＿，SD＝＿＿＿

平均差异（%）＝＿＿＿

（4）计算所设置的空调环境的温度记录仪测量和标准仪器测量之间的差异，并将此差异与温度验收标准±2℃相比较。

（5）计算所设置的空调环境的湿度记录仪测量和实验室参考 DH/T 测量之间的差异，并将此差异与 T 和 RH 验收标准±2% RH 相比较。

在一年中会有期间温度和相对湿度的改变有可能超出 20～23℃ 的温度允许范围，30%～40%的相对湿度允许范围，超出 24 h 容许可变范围±2℃或±2%RH 以外，这种期间有可能超过 5～10 min，当改变发生时，比如门的打开，多人进入或到场等。相较其他，这种情况可能更普遍出现于在一些易受地理和季节影响的环境中，比如 8 月份在佐治亚州的阿森斯的高温高湿环境。如果此情况出现，则允许 DH/T 进行测量，并且实验室分析员（LA）应记录最高、最低和当前值，以便可以计算一个点以上的平均值和标准偏差，并如上所示，与同期的环境控制系统输出相比较。

7.3.9　故障排除

（1）如果在所设置的空调环境内，温度记录仪和标准仪器的测量差异超出了温度验收标准，或者不能获得稳定的读数，则重新验证温度记录仪的测量。如果两个读数仍然不一致，则调查温度记录仪和标准仪器并采取合适的校正措施。此校正措施可能包括实验室分析员要求工作调度人员授权先前安排的设施或外部维修技术员支持，如①调整温度记录仪的校准，使之以与标准仪器一致；②维修温度记录仪；③在持有 NIST 溯源证书的州称重和测量实验室，或在国家实验室自愿认可组织（NVLAP）所认可的校准实验室，比照一个 NIST-可溯源的温度标准，重新认证温度记录仪和标准仪器。

如果温度记录仪未能进行校准，则在实验室质量控制笔记簿上记录此问题。附上一份维修技术员的报告。

（2）如果在所设置的空调环境内相对湿度、湿度记录仪和实验室参考 DH/T 湿度计的测量差异超出了相对湿度验收标准，或者不能获得稳定的读数，则重新验证湿度记录仪的测量。如果两个读数仍然不一致，则调查湿度记录仪和实验室参考干湿球湿度计，并采取合适的校正措施。此校正措施可能包括实验室分析员要求工作调度人员授权先前安排的设施或外部维修技术员支持：①调整湿度记录仪的校准，使之与实验室标准干湿球湿度计一致；②维修湿度计；③在持有 NIST 溯源证书的州称重和测量实验室，或国家实验室自愿认可组织（NVLAP）所认可的校准实验室，比照一个 NIST-可溯源的温度或湿度参考标准，重新认证实验室标准干湿球湿度计。

如果湿度记录仪未能进行校准，则在实验室质量控制笔记簿上记录此问题。附上一份维修技术员的报告。

（3）如果空调环境不能将温度和相对湿度保持在规定的设置值，则对空调环境中控制系统进行故障排除，并采取合适的校正措施。此校正措施可能包括由制造空调环境系统的公司授权的服务代表来维修。如果空调环境未能得到控制，则在实验室质量控制笔记簿上记录此问题。

7.3.10 背景信息

如果电子控制传感器的 T 或 RH 读数出现问题，则 NIST 建议将 T 与最近认证的 NIST 可溯源（或重新认证，NIST 可溯源）干球温度计进行对比，或将 RH 与一系列盐溶液进行对比（根据 ASTM 标准程序 E104）。实验室分析员不推荐完成这些测试。

如果出现问题并提出这些测试的需求，工作调度人员将会安排服务协议与年度再认证协议。此信息和以下所提供的信息都包含在此作为背景知识。

下表列出了干球温度、湿球温度和空调环境的运行范围内相对湿度之间的关系。干球温度列在表格的顶部，湿球温度列在表格的左侧，相对湿度值列在表格中，具体如表 7-3 所示。

表 7-3　干球温度、湿球温度和空调环境的运行范围内相对湿度之间的关系

湿球温度/℃	干球温度/℃						
	20.0	20.5	21.0	21.5	22.0	22.5	23.0
10.7	29.2	26.9	24.8	22.8	20.9	19.1	17
11.2	32.4	30.1	27.9	25.7	23.7	21.8	20.0
11.7	35.7	33.3	31.0	28.8	26.7	24.7	22.8
12.2	39.1	36.5	34.1	31.8	29.6	27.6	25.6
12.7	42.5	39.8	37.3	34.9	32.7	30.5	28.4
13.2	46.0	43.2	40.6	38.1	35.7	33.5	31.3
13.7	49.5	46.7	43.9	41.3	38.9	36.5	34.3
14.2	53.1	50.1	47.3	44.6	42.0	39.6	37.3
14.7	56.8	53.7	50.8	48.0	45.3	42.7	40.3

如果已知干球温度 T_{db} 和湿球温度 T_{wb}，并想要获取相对湿度（用百分比表示），则使用以下公式：

$$\text{RH} = 100\ [Pws\,(T_{wb})\,/Pws\,(T_{db})] \tag{7-3}$$

$$Pws\,(T_{wb}) = \exp[\,(C_1/T_{wb}) + C_2 + C_3T_{wb} + C_4T_{wb2} + C_5T_{wb3} + C_6\ln\,(T_wb)]$$
$$= \text{湿球绝对温度（用 Kelvin 表示，°R=°F+459.67）下的饱和}$$
$$\text{水蒸气压（用 psia 表示）} \tag{7-4}$$

$$Pws（T_{db}）= \exp[（C_1/T_{db}）+ C_2 + C_3T_{db} + C_4T_{db2} + C_5T_{db3} + C_6\ln（T_{db}）]$$

=干球绝对温度（用 Kelvin 表示，°R=°F+459.67）下的饱和

水蒸气压（用 psia 表示）　　　　　　　　　（7-5）

其中：C_1=−1.044 039 7×10^4；

C_2=−1.129 465 0×10；

C_3=−2.702 235 5×10^{-2}；

C_4=1.289 036 0×10^{-5}；

C_5=−2.478 068 1×10^{-9}；

C_6=6.545 967 3×10^{+0}。

Woods Hole 海洋研究所已经使用薄膜聚合物、电容传感器测量海面的浮标上的相对湿度。1990—1994 年，在 40% RH 下，利用具有大约 0.3% RH 校准精度的相对湿度室，定期对 14 台传感器进行校准。在一个大约 600 d 的周期内，自其校准以后，每 10% RH 间隔下，在标称相对湿度 20%～90% RH 范围内对传感器的响应进行验证。在此期间，在 40% RH 下，获得 35 次独立验证。传感器在在 40% RH 下，会有±（2%～3%）RH 的上下波动。没有出现任何长期漂移。

8 滤膜称重

8.1 适用范围

本章规定了在 $PM_{2.5}$ 性能评估项目（PEP）中使用的滤膜采样前和采样后称重程序。同时提供了滤膜在运输前的准备信息。

8.2 方法概述

滤膜平衡后，分组处理，称重后记录采样前重量或采样后重量。同时对各种类型的质控样进行称重和审查，以保证称重数据可信。

8.3 定义

附录一包含了性能评估项目（PEP）中使用的术语表。

8.4 注意事项

（1）滤膜接收后应立即称重，且必须在滤膜收到的 10 d 内进行称重；

（2）分析天平与滤膜平衡在同一受控环境内；

（3）确保实验室在其进气系统上具备 HEPA—过滤空气供给系统，以将污染物减至最少；

（4）每月更换滤膜；

（5）使房间维持在微正压状态，以保证在受控区域及天平处无扰动气流；

（6）房间的进气和出气减至最少；

（7）通过每天清洁称重区域，安装、使用并在需要时更换房间入口处的黏胶地板覆盖物（至少每周），在任何接触过未受控环境的衣服上穿着干净的实验室工作服等方式，将粉尘污染减至最少；

（8）将分析天平放到天平桌上，减少振动；

（9）避免碰撞分析天平，以防干扰其校准；

（10）确认 6 个月内对分析天平进行过有资质的校准；

（11）同一片称重滤膜采样前后应使用同一台天平；

（12）对工作标准砝码和温度计进行校准校正；

（13）在砝码误操作后，检查工作标准砝码的质量并与其验证值相比较；

（14）选择合适质量的工作标准砝码，质量范围涵盖空白和加载滤膜的质量（即 100 mg 和 200 mg）；

（15）称量滤膜时，应托住支撑环，不能碰到采样区；

（16）如果镊子曾经接触滤膜的采样区，在滤膜数据输入表 BAT-01 中代号"LAC"对样品进行标记，并且使用一次性实验室抹布清洁镊子，以避免交叉污染。

8.5　干扰因素

（1）温度影响分析天平的性能，相对湿度影响水分含量，因此影响滤膜的重量。

（2）因为 PM_{2.5} 手工重量法存在局限性，所以采集样品的重量会因误操作、化学反应和挥发而导致变轻或变重。滤膜和样品的处理程序、称重过程中的温湿度控制、采集前后称重的及时性和一致性，都有助于对手工方法进行控制。

（3）PM_{2.5} 颗粒物的化学组成随采样地点及来源而变化。经过化学和物理反应，PM_{2.5} 重量变化幅度也随采样现场的位置、采样时间而变化。

（4）通过从滤膜盒中小心拿出滤膜进行滤膜平衡，并在称重前中和滤膜上的静电荷积聚等方法，使因机械移位造成滤膜上颗粒物的损失降到最低。

（5）在平衡、称重过程中，滤膜可能被空气中的颗粒物、分析天平或工作台的灰尘所污染。通过定期更换平衡室的高效空气过滤器（HEPA）滤膜，可减少空气污染。在滤膜称重前使用无绒的一次性实验室湿巾擦拭工作台面，可减少表面污染。

（6）稳定的重量读数是必要条件。获取稳定读数的更多信息，请查阅分析天平的使用说明书。

（7）静电荷中和。样品重力分析中的错误也可能是由于在制造或采样过程中静电荷积聚在天平或者滤膜上造成的（Engelbrecht 等，1980）。该静电荷积聚会干扰分析天平称重。分析天平通过电力接地并在绝缘表面涂上一层抗静电溶液，以减少分析天平上的静电荷集聚。

在称重过程开始前直接使用钋-210（²¹⁰Po）抗静电带，可减少滤膜上的静电荷集聚。

静电荷问题的常见现象包括噪音示值读数、漂移和突发示值读数漂移。为减少滤膜以及分析天平的静电荷，将内含少量（比如 500 picocuries）^{210}Po 的放射性抗静电带放置到称重室中。^{210}Po 抗静电带使静电荷中和并在 1 英寸（1 英寸=0.025 4 m）范围内有效。这些抗静电带很安全，利用率普遍并且价钱不贵。^{210}Po 的半衰期为 238 d。每隔 6 个月更换抗静电带，并且根据制造商建议以及州和地方性法规（如果适用）将旧的抗静电带扔掉。

将抗静电溶液涂在（并且在适当且较短间隔内重新涂在）天平称重室的内外非金属表面。此涂层促进静电荷从与金属传导面相连的公共接地表面排出（使其具有传导力）。将接地传导垫置于天平桌表面以及分析员的鞋表面下方以减少静电荷集聚。

尽管滤膜重量可能在 30～60 s 内稳定并且在此期间没有观察到重量漂移，但是分析天平仍然可能受到静电集聚的影响，仍然有必要重复中和程序。对于采样情况，电荷中和时间可能需要 60 s 以上，同时由于其起源而导致在所采集的颗粒物上已经形成大量电荷或滤膜上加载大量颗粒物。静电荷集聚随着空气的干燥而增加。在 37% RH 和 23℃的恒温恒湿室内，60 s 中和可能充足。而在 20% RH 和 23℃的环境中可能需要更多时间内中和电荷。

8.6 人员资质

要求经过 PM$_{2.5}$ 联邦标准方法（FRM）性能评估项目的培训，并取得实验室部分的笔试和实际操作能力认证。

8.7 设备和材料

须使用下列设备和材料进行本程序：
（1）滤膜称重表（BAT-01），具本如表 8-1 所示；
（2）滤膜库存和跟踪表（COC-01）；
（3）滤膜；
（4）分析天平；
（5）无水酒精；
（6）工作标准砝码；
（7）工作标准砝码镊子；
（8）滤膜镊子；
（9）滤膜夹；
（10）金属滤膜盒；

（11）塑料装运袋；

（12）样品标签；

（13）湿抹布或无绒布和一小瓶酒精；

（14）钋带；

（15）无粉防静电手套；

（16）实验室工作服。

表 8-1　滤膜称重表（BAT-01）

PEP 滤膜称重数据表

批式：<u>采样前/采样后</u>　　　　　　　批　号：_____

日期：_____　　　　　　　分析员：_____

过去 24 h 平均温度_____　　SD：_____

过去 24 h 平均相对湿度_____　SD：_____

样品	滤膜 ID	滤膜类型 RO/LB/FB CO/BD/PD	盒子 ID	砝码 1 ×××.××× mg	砝码 2 ×××.××× mg	标记
QC1	100 mg					
QC2	200 mg					
常规滤膜						
常规滤膜						
常规滤膜						
常规滤膜						
常规滤膜						
常规滤膜						
常规滤膜						
常规滤膜						
常规滤膜						
常规滤膜						
常规滤膜						
常规滤膜						
常规滤膜						
常规滤膜						
复制品 1			BD			
复制品 2			DU			
复制品 3			DU			
QC1	100 mg					
QC2	200 mg					

注：RO——常规滤膜；LB——实验室标准滤膜；FB——现场空白滤膜；CO——配置的样品；BD——重复批次；PD——先前批次的重复。

8.8 称重程序

8.8.1 前期准备

8.8.1.1 滤膜称重准备

（1）处理和平衡滤膜。

（2）采样前滤膜平衡期间，使用通过与电脑相连的数据采集系统连续测量并读取环境温度和相对湿度。

（3）计算 24 h 内温度和相对湿度的平均值和变化范围。

（4）验证平均温度仍然处于规定范围内，并且称重期间温度控制在±2℃。

（5）验证平均相对湿度仍然处于规定范围内，并且称重期间相对湿度控制在±5%。在 LIMS 和/或实验室质量控制笔记簿上记录这些值。如果温湿度不满足则不能对滤膜进行称重，应采取合适的故障排除和纠正措施。

（6）需要时使用一个纤细的抗静电刷子，清洁天平的称重室和周围区域。

（7）使用一次性实验室抹布清洁分析天平附近的表面。

（8）使用酒精湿润过的无绒布或湿抹布对工作标准砝码和滤膜镊子进行清洁。镊子晾干后方可使用，因为少量的水分都可引起显著的测量偏差。

（9）分析天平处于长期通电状态。此程序使分析天平能在任何时候运行并不需要其他准备。液晶显示屏不必打开。

（10）确保所有设备干净并为过滤盒做准备：盖、盒子、不锈钢网托、3×5″抗静电自动密封袋、表 BAT-01 以及不能消除的标记或标签。

8.8.1.2 分析天平—关闭默认自动调零

关闭自动调零功能。此选择的工厂预设默认值总是将自动调零保持在打开状态。一般情况下，维修技术员在设置天平时对其进行调整。如果没有则遵循 Sartorious 天平《安装和操作说明》第 2~2 页和 2~6 页的程序。遵循合适的步骤以改变自动调零菜单代码设置：

> **进入菜单**

（1）关闭天平，重新打开天平；

（2）显示完整时（注意 8 s），短按 Tare 键。

（3）如果显示-L-，开启如下菜单：

——将天平的电子计算装置后面板左边的保护盖移除，显示菜单存取开关；

——移动箭头方向（朝右边）的开关。

> **设置代码**

（1）按 F1 键，将左边编号改为 1；

（2）将中心圆点处标有下划线的零键按下，使其移至中间的编号；

（3）按 F1 键，将中间编号改为 6；

（4）将圆点处标有下划线的零键按下，使其移至右边的编号（当你移至右边的编号时，将显示先前设定的数字代码，即自动调零代码，161）；

（5）按 F1 键一次，将代码的右边编号改为 2。

> **确认代码设置**

你必须按 Tare 键，以确认你刚设置的代码。由代码后的"0"显示。按 CF 键，储存新的菜单设置。

8.8.2 采样前滤膜称重程序

此程序描述了平衡后一盒（50 片滤膜）采样前滤膜的称重方法。步骤（1）～（8）预热天平，确认天平可以正常使用。

（1）打开和关闭分析天平的防风罩（圆形箭头键）两次，使恒温恒湿室内的空气与防风罩室内的空气平衡；

（2）根据分析天平的使用说明书调零（使用 TARE 键）和内部校准（使用 F1 键）分析天平，此步骤可能需要 1～2 min；

（3）打开分析天平的防风罩；

（4）使用工作标准砝码镊子称重 100 mg 工作标准砝码，关闭分析天平的防风罩；

（5）等待分析天平稳定；

（6）读数稳定后，计时 20s，如果砝码仍然稳定，则在 LIMS 和/或滤膜称重数据输入表（BAT-01）中记录标准的测定值并转至步骤（8）；

（7）如果 20s 内天平示值波动，则另外计时 20s 并记录读数。如果重复 3 次后读数仍不稳定，则取下砝码并重复步骤（2）～（5）；

（8）使用 200 mg 工作标准砝码重复步骤（3）～（7）；

（9）如果各工作标准砝码的验证值和测定值相差大于±3μg，则重复步骤（1）～（8）；如果≤±3 μg 则进行步骤（11）；

（10）如果偏差仍大于±3 μg，则停止常规称重并对整个测量系统进行故障排除并采取合适的纠正措施，纠正措施可包括：

——进行校准灵敏性试验（（Sartorius 天平）《安装和操作说明》第 1～39 页）；

——使用分析天平内部标准对分析天平进行校准;

——根据实验室基准砝码对工作标准砝码进行重新校验和/或要求工作调度人员(WAM)派遣维修技术员调整或修理分析天平;

——使用独立的标准检查温度和相对湿度;

——使用外部实验室基准对分析天平进行校准;

(11)关闭防风罩并使分析天平归零,等待至少 20s 确保天平归零;如果没有归零,则可使用 TARE 键手动归零;

(12)选择下一片常规滤膜进行称重并在表格 BAT-01 中记录滤膜 ID,滤膜型号:"00"代表采样前滤膜,"LB"代表实验室标准滤膜;

(13)用镊子轻轻向下压滤膜支撑环的一边,另一边被提升并轻轻推动,将滤膜边缘推出培养皿,然后用镊子托住滤膜支撑环并取出滤膜;

(14)各滤膜的支持环侧面保持向上,并在称重前将其放置到 ^{210}Po 抗静电带上 30~60 s;

(15)打开分析天平的防风罩;

(16)将滤膜放到分析天平称重盘的中心,然后关闭防风罩;

(17)读数稳定后计时 20s,并在表 BAT-01 的"砝码 1"栏记录此值;如果此过程需要 20~30s,则应检查称重室的环境,查找原因;

(18)取出滤膜,放回培养皿中;

(19)取出另一片滤膜,并重复步骤(12)~(18);

(20)对 15 片滤膜进行称重后或在本时间段最后,对于表格 BAT-01 中第一片(常规)滤膜进行重新称重,作为滤膜的重复样;

(21)如果两次测量偏差≤±15 μg 的范围内,则进行步骤(24);

(22)如果两次测量偏差大于±15 μg,则对滤膜标记"FLD";将其放回到培养皿中并盖好,对培养皿标记"FLD"并将其单独分离出;

(23)对表 BAT-01 中的第 2 片和第 3 片滤膜进行重新称重,如果两次测量偏差大于±15μg,则将所有滤膜重新平衡至少 12 h,并重新进行称重程序;对整个测量系统进行故障排除并采取合适的纠正措施;

(24)15 片滤膜称重完成后重复步骤(3)~(5),对工作标准砝码进行重新称重;比较工作标准砝码的验证值和测定值,其相差应≤±3μg;如果不合格,则重复步骤(1)~(8);在 LIMS 和/或表 BAT-01 中记录测量值,将表 BAT-01 归档到 SAMP/223 中;

(25)将称重好的滤膜按照现场准备程序,装好滤膜;

(26)如果需更多滤膜,则重复步骤(3)~(25)。

注:采样前滤膜和采样后滤膜的培养皿不应放置到同一个托盘中。

8.8.2.1　实验室标准滤膜

从 5 盒（每盒 50 片）滤膜中至少选取一片滤膜作为实验室标准滤膜。标记实验室标准滤膜型号代码为"LB"。

（1）遵循上述步骤（12）～（19）；

（2）将实验室标准滤膜放回到培养皿中；

（3）在培养皿上贴上标签表示滤膜 ID 和滤膜类型；

（4）将实验室标准滤膜放回到恒温恒湿室中。用盖子盖住滤膜的 3/4。

8.8.2.2　滤膜准备

此程序描述了装膜的过程。将已经过称重的滤膜放置到滤膜夹、金属滤膜盖和塑料装运袋中，装运至 EPA 现场区域。滤膜盒和自封袋的装配图如图 8-1 所示。

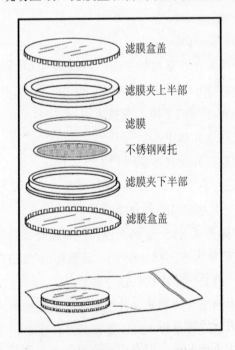

滤膜盒盖

滤膜夹上半部

滤膜

不锈钢网托

滤膜夹下半部

滤膜盒盖

图 8-1　滤膜盒和自封袋的装配图

注：滤膜支持环上的滤膜 ID 非常小，容易出现输入错误。这些滤膜应以 BAT-01 中所列的相同顺序放置，以避免数据输入错误。因此，滤膜放置到滤膜夹中之前，应验证滤膜编号。

（1）选择一片称重后的滤膜，并取一个干净的滤膜夹；

（2）确认表 BAT-01 中滤膜 ID；

（3）在表 BAT-01 中记录滤膜夹 ID，将滤膜放置到滤膜夹中；

（4）在塑料抗静电自动密封装运袋上记录同样的滤膜夹 ID（标签或不能消除的标记）；

（5）用金属盖子盖住滤膜夹的上下面，然后一起放入抗静电自动密封塑料装运袋中，将袋子密封；

（6）选择另一片滤膜并重复步骤（1）～（5）；

（7）将采样前滤膜的重量和称重日期填写在滤膜库存和跟踪表（COC-01）中。

8.8.3 采样后滤膜称重

此程序描述了采样后滤膜的称重程序；

（1）处理和平衡滤膜；

（2）选择合适的滤膜数据输入表（BAT-01）；

（3）按照表 BAT-01 中所列的顺序放置待称重的滤膜；

（4）打开和关闭分析天平的防风罩（圆形箭头键）两次，使恒温恒湿室内的空气与防风罩室内的空气平衡；

（5）根据分析天平的使用说明书调零（使用 TARE 键）和内部校准（使用 F1 键）分析天平，此步骤可能需要 1～2 min；

（6）打开分析天平的防风罩；

（7）使用工作标准砝码镊子称重 100 mg 工作标准砝码，关闭分析天平的防风罩；

（8）等待分析天平稳定；

（9）读数稳定后计时 20s，如果砝码仍然稳定，则在 LIMS 和/或滤膜称重数据输入表 BAT-01 中记录标准的测定值，并转至步骤（8）；

（10）如果 20s 内天平示值波动，则另外计时 20 s 并记录读数，如果重复 3 次后读数仍不稳定，则取下砝码并重复步骤（2）～（5）；

（11）使用 200 mg 工作标准砝码重复步骤（6）～（10）；

（12）如果各工作标准砝码的验证值和测定值相差大于±3 μg，则重复步骤（1）～（8）；如果≤±3 μg 则进行步骤（14）；

（13）如果偏差仍大于±3 μg，则停止常规称重并对整个测量系统进行故障排除，采取合适的纠正措施，纠正措施可包括：

——进行校准灵敏性试验（《Sartorius 天平安装和操作说明》第 1～39 页）；

——使用分析天平内部标准对分析天平进行校准；

——根据实验室基准砝码对工作标准砝码进行重新校验和/或要求工作调度人员（WAM）派遣维修技术员调整或修理分析天平；

——使用单独的标准检查温度和相对湿度；

——使用外部实验室基准对分析天平进行校准；

（14）关闭防风罩并使分析天平归零，等待至少 20s 确保天平归零；如果没有归零则可使用 TARE 键手动归零；

（15）选择一片滤膜进行称重并在表格 BAT-01 中记录滤膜 ID，滤膜型号："RO"代表常规滤膜，"LB"代表实验室标准滤膜，"FB"代表现场空白滤膜，"CO"代表配制的样品，"BD"代表重复批次，"PD"代表先前批次的重复；

（16）用镊子轻轻向下压滤膜支撑环的一边，另一边被提升并轻轻推动，将滤膜边缘推出培养皿；然后用镊子托住滤膜支撑环，取出滤膜；

（17）各滤膜的支持环侧面保持向上，并在称重前将其放置到 ^{210}Po 抗静电带上 30～60s；

（18）打开分析天平的防风罩；

（19）将滤膜放到分析天平称重盘的中心，然后关闭防风罩；

（20）读数稳定后，计时 20 s 并在表 BAT-01 的"砝码 1"栏记录此值；如果此过程需要 20～30 s，则应检查称重室的环境并查找原因；

（21）取出滤膜，放回到培养皿中；

（22）取另一片滤膜，并重复步骤（14）～（21）；

（23）15 片滤膜称重后，对于表格 BAT-01 中第一片（常规）滤膜进行重新称重，作为滤膜的重复样；

（24）如果两次测量偏差≤±15 μg，则进行步骤（27）；

（25）如果两次测量偏差大于±15 μg，则对滤膜标记"FLD"。将其放回到培养皿中并盖好，对培养皿标记"FLD"并将其单独分离出；

（26）对表 BAT-01 中的第 2 片和第 3 片滤膜进行重新称重，如果两次测量偏差大于±15μg，则将所有滤膜重新平衡至少 12 h 并重新进行称重程序；对整个测量系统进行故障排除并采取合适的纠正措施；

（27）15 片滤膜称重完成后，重复步骤（3）～（5）并对工作标准砝码进行重新称重，比较工作标准砝码的验证值和测定值，其相差应≤±3 μg；如果不合格，则重复步骤（1）～（8）。在 LIMS 和/或表 BAT-01 中记录测量值并将表 BAT-01 归档到 SAMP/223 中；

（28）审查数据，确定现场空白和实验室空白滤膜是否符合其标准（分别是±30ug 和±15ug），并在输入表格 FFB 或 FLB 进行标记。

注：（1）由于颗粒物的挥发，一些滤膜可能变轻。保存这些滤膜的初重非常重要。

（2）保存用于作为重复样的常规滤膜，并将其放到下一批中。使用 PD 和采样后批号，在培养皿盖上做标记。不要使此样品成为下一批的最初 3 片滤膜中的一个。

8.9 故障排除

采样前或采样后称重期间，不能满足质控要求，这可能与滤膜平衡环境、分析天平故障或滤膜本身质量有关。

8.9.1 平衡环境

（1）确保温度和相对湿度处于规定范围内，如果没有则采取纠正措施；

（2）使用独立装置检查温度和相对湿度监测设备；

（3）使实验室污染减至最低，可能需要更频繁的清洁；

（4）检查是否存在静电问题，并检查钋带。

8.9.2 分析天平

（1）根据 Sartorius 天平《Sartorius 安装和操作说明》的第 1～39 页，管理校准试验顺序；

（2）使用 F1 键对分析天平进行内部标准；

（3）用实验室基准砝码对工作标准砝码校验；

（4）使用实验室基准砝码对分析天平进行外部校准；

（5）由工作调度人员（WAM）授权维修技术员对分析天平进行调整或修理，不要试图自己调整或修理分析天平。

8.9.3 滤膜

（1）对滤膜重新调节并重新称重以确定滤膜的成分是否包括使滤膜变轻的挥发性物质：如硝酸盐；

（2）检查所有未使用的滤膜，其重量在正常范围外（比如 110～160 mg）；

（3）实验室标准滤膜一直变轻（大于 15 μg），说明滤膜平衡不够或可能有半挥发的气体。

9 装 运

9.1 适用范围

本章描述了滤膜和设备装运至现场的程序。

9.2 方法概述

每隔两周，实验室分析员（LA）将采样前的滤膜称重后，装配到滤膜夹中，与 COC 表格一起运送至采样现场。滤膜数量应足够，包括采样用滤膜、现场空白滤膜等。每个月，实验室分析员（LA）将滤膜存储箱和冷媒等运回至现场。

9.3 定义

附录一包含了性能评估项目（PEP）中使用的术语表。

9.4 注意事项

确保滤膜运输时间兼顾滤膜有效期、现场采样安排要求和运输时长。

9.5 人员资质

要求经过 $PM_{2.5}$ 美国联邦标准方法（FRM）性能评估项目的培训，并取得实验室部分的笔试和实际操作能力认证。

9.6 设备和材料

本程序需要以下设备及耗材：

（1）使用 3×5″抗静电袋包装滤膜盒；

（2）滤膜库存和跟踪表（COC-1）（见表 10-1）；

（3）实验室装运滤膜监管链记录表（COC-2）（见表 10-2）；

（4）PEP 设备装运跟踪表 EQP-01，具体如表 9-2 所示；

（5）Utek-1℃冷媒；

（6）最高/最低温记录温度计；

（7）单独的滤膜存储箱

（8）大型（9×12″）自封袋；

（9）写好地址的联邦快递单；

（10）联邦快递硬纸板信封；

（11）气泡纸填充材料；

（12）硬纸板装运箱（用于装运滤膜运输盒）。

9.7 装运程序

9.7.1 滤膜（含托）装运程序

此程序描述了滤膜在做完空白膜称重并已放入膜托后的装运方法。根据表 9-1 中预估的 14 d 滤膜使用量，每隔 2 周将滤膜运送至 EPA 各区域。性能评估项目（PEP）的评估周期为一次/每周/每台采样器。

表 9-1 滤膜准备/装运要求

区域 4 实验室			区域 10 实验室		
区域	每月滤膜消耗量	每两周需求量	区域	每月滤膜要求	两周一次要求
1	9	5	5	21	11
2	8	4	7	9	5
3	13	7	8	7	4
4	24	12	9	14	7
6	15	8	10	7	4
总计	69	36	总计	58	31

（1）根据滤膜库存和跟踪表（COC-1）（见表 10-1）选择需运送至现场人员的滤膜，当滤膜必须由工作人员携带运送时，使用"滤膜运输追踪表格（COC1）（见表 10-2）"来选择滤膜；

（2）将本次应当使用的联邦快递单跳过；

（3）选择滤膜监管链表（COC-2），并完整填写区域"第一部分　称重实验室"的装运信息。将表 COC-2 放到 9×12″塑料自封袋中；

（4）将选好的滤膜放入滤膜夹装在 3×5″袋中，连同表 10-2（COC-2）一起放入 9×12″塑料自封袋；发送足量放入滤膜夹的空白滤膜以保证每周为每台便携式 PEP 采样器提供一个现场空白；

（5）将 9×12″塑料袋封好并沿内容物折叠，用泡泡纸包好，然后用橡皮筋或橡皮带将其固定；

（6）将 9×12″塑料袋放至独立运输盒中并将空隙填实以防过度移动，封好的独立运输盒用装运胶带固定并运送至现场办事处；

（7）按照第 4 章标准程序将发货情况通知区域现场人员。

9.7.2　现场设备装运

每月或必要时，现场应将滤膜运输盒、（最高温/最低温记录）温度计和冷媒返回给 EPA 现场人员。为确保等量物品运出，EPA 应将温度计和装运集装箱贴上编号标签（比如 R1，R2……）

（1）选择"设备装运跟踪表（EQP-01）"；

（2）单独将温度计包裹在气泡纸里，如果可能则放置到单独的存储箱，箱内用气泡纸填实固定；

（3）将未冻的-1℃冷媒放到一个存储箱中，每个返还的滤膜运输盒至少包括 4 个冷媒，箱内填充泡沫包装以减少振动；

（4）同时将剩余的气泡纸一并发回到本次装运的现场办公室中；

（5）填完表格 EQP-01；

（6）将滤膜运输盒装入一个运输箱中并包括一份表格 EQP-01 拷贝；

（7）通过 UPS 或联邦快递进行运送；

（8）按照第 4 章，通知区域现场人员。

表 9-2　PEP 设备装运跟踪表（EQP-01）

分析员 ID	日期	区域	#箱	# 滤膜集装箱	#冰替代品	#温度计	装运跟踪#

10 滤膜追踪管理程序

10.1 适用范围

本章说明了滤膜的追踪管理程序，以确保：

（1）对滤膜的处理、运输、储存和分析由指定人员进行；

（2）在实验室处理和分析期间，保证滤膜的完整性；

（3）自 EPA 收到滤膜至实验室处置期间，保证滤膜处理的相关书面记录。

合理的滤膜追踪管理程序能够将在样品处理的各个阶段因责任分工而产生意外的可能性降至最低，并确保可能发生的问题都得以发现和记录。当样品在实际负责人控制中或允许持有人在允许区域持有样品时，样品可认为得到保管。

10.2 方法概述

滤膜追踪管理程序（COC），在滤膜采样前称重时就应启动，此时应就滤膜重量和唯一的滤膜 ID 号进行初始记录。虽然初始的 COC 信息是手工记录的，但相应的电子信息应同步录入样品跟踪系统。COC 程序发生在采样前后和滤膜存档阶段。

该标准操作程序并不覆盖现场标准操作程序中所讨论的 COC 程序。性能评估项目（PEP）使用标记和注释的方式，以便于对数据质量进行说明。COC 表格具有一个标记区域，可以进行多种标记。

10.3 定义

10.3.1 缩略语

在本书前面列出了首字母缩写词和缩略语。

10.3.2 表格

（1）滤膜库存和跟踪表（COC-1），具体如表 10-1 所示；

（2）PEP 监管链表（COC-2），具体如表 10-2 所示；

（3）滤膜存档跟踪表（COC-3），具体如表 10-3 所示。

表 10-1 滤膜库存和追踪表（COC-1）

滤膜 ID	滤膜盒 ID	采样前称重日期	采样前装船日期	区域	采样开始日期	采样结束日期	实验室接收日期	采样后称重日期	AIRS上传日期	标记	LA缩写

表 10-2　PM$_{2.5}$联邦参考方法性能评估程序监管链表（COC-2）

第一部分：称重天平室

滤膜称重和装运信息			
滤膜 ID 号		滤膜盒号	
称重天平室		盒类型	
分析人/保管人姓名		称重日期	
装运日期		空运单号	
送到（PE 组织机构）		运货商	联邦快递 Express
滤膜必须由谁使用：		返回到：	

注：完成第一部分后，称重实验室保存一份并发送两份给滤膜的现场办事处。

第二部分：现场办事处

接收日期：		PE 组织机构：	
装运完整性 OK？	Q 是　　　Q 否（说明）	现场科学家：	

第三部分：现场站点

滤膜类型				
Q 常规滤膜	Q 配制的样品	Q 现场空白滤膜	Q 空（说明）	Q 其他（说明）

相关滤膜样品——输入用于此采样的其他滤膜盒子编号				
PE 样品	配置 PE	现场空白滤膜	其他（说明）	其他（说明）

滤膜和站点信息的运输				
抵达站点的日期：		站点名称：		
AIRS 站点 ID：		主站点采样器：	构造/型号：	系列号：

站点操作员和其他观察员：			
滤膜完整性 OK	Q 是　　　Q 否（说明） Q No		

第四部分：现场滤膜装运

从现场运送至称重实验室				
发货：	装运日期：		运货商	联邦快递
空运单号		目的地：		

注：完成第二部分至第四部分，现场科学家保存一份，并另外发送一份给滤膜实验室。

第五部分：称重天平室

接收人：			接收日期：			完整性标记：	
接收条件 OK？	Q 是　　Q 否（说明）		平均温度		℃	冰袋条件：Q 结冰　Q 冷 Q 室温	

表 10-3　PEP 滤膜存档跟踪表（COC-3）

滤膜 ID	分析日期	存档日期	盒 ID/ 盒#	存档员	注释

10.4　注意事项

COC 活动中最重要的变量是滤膜编号和滤膜夹 ID。滤膜支持环上唯一的滤膜 ID 号非常小，必须注意正确阅读此编号。由于采样前的滤膜在称重后将安装到滤膜夹中，因此在 COC 程序中主要使用滤膜夹的 ID。必须注意阅读并记录此号码。

COC 表格中的大部分栏目都应填写完整，实验室分析员（LA）应确保完成所有必填项目。

必须小心处理滤膜。滤膜采样后检查时，不要将滤膜倒置或挤压。

10.5 设备和材料

完成此程序需要的设备有：

（1）实验室工作服；

（2）实验室无粉防静电手套；

（3）COC 笔记簿；

（4）滤膜托盘；

（5）COC 表格；

（6）滤膜（完成称重并准备装运）；

（7）标签；

（8）培养皿；

（9）滤膜 ID 标签；

（10）滤膜称重数据输入表 BAT-01。

10.6 滤膜管理程序

指定实验室分析员（LA）作为滤膜保管人，负责所有实验室操作阶段的滤膜管理。在所有 COC 表格中将使用滤膜保管人的首字母缩写。可指定候补的滤膜保管人，但是该人员必须接受过任务分配管理机构（WAM）的培训、认证和批准。

10.6.1 采样前滤膜管理

本节描述了滤膜采样前称重阶段的 COC 程序。第 8 章详细说明了如何确定滤膜的数目、称重并将其装到滤膜夹、滤膜盖和塑料抗静电装运袋（标明盒子编号）以及在运送至现场前如何储存。实验室分析员（LA）必须记住下列事项：

（1）采样前滤膜必须在称重后的 30 d 内使用；

（2）已经称重装配好的采样前滤膜应放在指定的现场滤膜架处，与未使用的滤膜分开；

（3）滤膜库存和跟踪表 COC-1（滤膜 ID、盒子 ID 和采样前滤膜称重日期）应附在现场滤膜架子上供实验室分析员（LA）使用。

每隔两周，实验室分析员（LA）将选择数量合适的滤膜，发送给现场人员。

a. 穿上实验室工作服；

b. 每片运送至现场的滤膜对应一个监管链表 COC-2；

c. 审查滤膜库存和跟踪表 COC-1 并根据表 9-1 "数据和首字母表 COC-1"，选择各区域所需的工作表中的下一片滤膜，将姓名首字母和日期填写在 COC-1 表上；

d. 填写完成表 COC-2 "第一部分：称重实验室" 并签上姓名首字母，确保在采样前滤膜称重后的 30 d 内，填写区域 "此滤膜必须由谁使用"；

e. 撕下 COC-2 的最后一页用于实验室分析员（LA）记录；

f. 将各滤膜的 COC-2 表格和相对应的滤膜放在一起，按照第 9 章的要求，打包滤膜并运送至现场。

注：表 COC-2 必须与滤膜一同运送回实验室。实验室分析员（LA）将使用以下第 10.6.2 节所示的程序对表格进行审查。

10.6.2　采样后保管

现场采样标准操作程序详细说明正确采集并处理样品滤膜的技术以及运送滤膜并处理送回实验室的 COC 要求，以下是接收样品滤膜所需的 COC 程序。

10.6.2.1　滤膜接收程序

不论是现场人员运到实验室的样品或通过航空递送的样品，都由实验室分析员（LA）或有资质的候补接收人接收。

（1）接收包装箱；

（2）收到后马上打开箱子，找到滤膜、监管链表 COC-2、现场数据表以及便携式采样器数据存储介质；

（3）检查表格确保其填写完整且合适，确保日期合理（比如，搬运日期与运送日期一样或比运送日期早）；

（4）将数据存储介质存储在指定区域；

（5）填写表 COC-2 的 "第五部分：称重实验室"，检查存储箱的冷藏温度并确认收到编号。

注：①需立即称重的滤膜，放置到恒温恒湿室中，其余滤膜在 4℃ 环境中保存。在准备平衡以前，不应对滤膜进行检验。②对采样前后的滤膜应用标签标识并放置不同的区域。

（6）将滤膜和 COC-2 表一起放到架子上；

（7）将滤膜和 COC-2 表一起放到冰箱中，然后进行步骤（8）；或直接放入恒温恒湿室中，然后进行步骤（9）；

（8）从冰箱中取出需进行处理称重的滤膜；

（9）至少 12 h 的热平衡后，检验滤膜；

（10）对抗静电塑料盒袋进行检验以确保盒子 ID/滤膜类型记录在袋子上并与 COC-2

中第一部分和第三部分的盒子 ID/滤膜类型相匹配，如果编号不相符或没有滤膜类型，则标记"EER"并与现场人员确认，纠正错误，在注释区标记并说明；

（11）将滤膜盒从 3×5″塑料滤膜盒袋中取出（保留袋子）并拿掉滤膜盒的金属滤膜盖；

（12）检查并确保塑料滤膜盒袋上的滤膜夹编号与滤膜夹上的编号相符，确认相符后则可将塑料袋丢弃；如果不相符，则标记"EER"并通过与现场人员确认，纠正错误；在 COC-2 的注释区标记并说明；

（13）戴上无粉手套并将滤膜从滤膜夹中取出；

（14）检查表 COC-2 第三部分的滤膜完整性标记栏，如果完整性一栏显示"NO"，则检查滤膜并注释；如果滤膜有破损，则在第五部分标记区域中标记"SIS"；

（15）按照第 5 章对滤膜进行检验，不要翻转或倒置滤膜；如果滤膜破损并且在采样后滤膜回收区或自由注释区中没有对此损坏进行说明，则在"接收条件 OK"一栏中插入"NO"并添加注释；如果滤膜完整，则在"接收条件 OK"一栏中标记"YES"；

（16）将检验过的滤膜放置到标明滤膜 ID 和滤膜类型的滤膜保存盒中，仔细检查以确保这些信息相符；

（17）重复步骤（10）～（16），处理其他滤膜；

（18）将完整的 COC-2 表格写入 COC 笔记簿中；

（19）滤膜可以在恒温恒湿室内进行平衡称重。

10.6.3 滤膜存档

滤膜称重后，实验室分析员（LA）需对滤膜存档，填写滤膜存档跟踪表 COC-3。每片滤膜都放置到贴有标签的滤膜保存盒中并储存到盒子中，盒子通过项目、年（4 位数的年份）和箱号（2 位数）进行唯一标识。滤膜归档后，冰箱存储一年，常温再保存两年。在处置前，档案保管组织机构应将滤膜处置的目的告知空气质量规划与标准办公室（OAQPS）。

10.7 纠正措施

设置追踪管理程序的重要目的是保证所有经过采样前称重并运送至现场的滤膜可在全部数据采集阶段进行跟踪，以确保滤膜在合适的时间范围内得到处理并保证样品保管措施和保存措施得以落实。在装运和接收过程中，可能在采样、样品处理和运输环节发生记录错误或标示不完整的问题。出现错误时，按照下列程序进行纠正。

10.7.1 可疑的输入错误

（1）通过电子邮件联系现场人员并发送副本给实验室和现场工作调度人员（WAM）；

（2）阐明错误内容并要求重新认证，保存电子邮件的一份硬拷贝进行记录；

（3）一旦收到回答则进行适当的纠正，保存回复并将其添加到电子邮件中；

（4）将纠正措施信息写到每周进度报告中。

10.7.2 完整性标记

这些标记涉及滤膜受损或完整性存疑。

（1）将已标记的滤膜清单通知给工作调度人员（WAM）；

（2）工作调度员（WAM）将决定停止对滤膜进行任何附加处理，如果情况确实，在"第五部分装运完整性标记"栏表 COC-2 中将包含"VOD"（空）标记；

（3）审查集中信息或与常规数据比较后，工作调度人员（WAM）也可能决定允许处理滤膜并认可其数据有效性。

10.8 记录管理

所有完整的 COC 表格将记入 COC 记录簿中。记录簿将 TRAN/643 要求在报表集中文件夹中进行归档。

11 质量保证/质量控制

11.1 适用范围

本章描述了 PM$_{2.5}$ 联邦标准法（FRM）性能评估项目（PEP）称重实验室中质量控制（QC）活动，为开展 PM$_{2.5}$ 监测的组织提供质量保证（QA）程序支持。

11.2 方法概述

在 LIMS 和/或实验室质量控制笔记簿上记录全部质量控制数据，包括分析天平校准信息，工作标准砝码校验数据，工作标准砝码、实验室标准滤膜以及现场空白滤膜的常规内部质量控制检查信息，标准滤膜测量数据和内部分析天平性能评估信息。这些记录最初质量控制数据收集和概要的记录表格可以在前述的标准操作程序中看到。

这些数据可复制 LIMS 和/或等效的纸质实验室数据表格中已经记录的数据，将数据进行整合以便可识别长期质量控制数据的趋势。保持每一台分析天平的质量控制图表，并将这些图放入 LIMS 和/或等效的实验室质量控制笔记簿中。这些图表可使我们发现超范围的漂移或不精确，这些是仪表故障的信号。表 11-1 汇总了称重实验室质量控制检查的允许标准和校准频率。

表 11-1 实验室质量控制检查的允许标准

要求	测量频率	允许标准	质量保证手册文件 2.12
环境条件温度	每次称重期间	24 h 平均温度 20～23℃，控制在±2℃（SD）	2.12 第 7.6 节
相对湿度	每次称重期间	24 h 平均相对湿度 30%～40% RH，控制在±5%RH（SD）	2.12 第 7.6 节
空白滤膜批次的空白	3 片/箱，3 箱/批，总计 9 批（每天进行，至少 5 d）	最大偏差±15 μg/5 d，5 μg/天/批（2～3）	2.12 第 7.6 节

要求	测量频率	允许标准	质量保证手册 文件 2.12
批次的暴露空白	每一批次称重期间采样前 1 片、采样后 1 片	平均偏差 3，不大于 15μg	未说明
实验室空白	每次称重期间一片	偏差±15μg	2.12 第 7.8 节
现场空白	每台采样器/wk 一片	偏差±30μg	未说明
校准和校验	每季度	±2μg	2.12 第 7.3 节
工作标准校验			
质量标准校准	每年	不适用	2.12 第 7.3 节
天平校准	每半年或需要时	不适用	未说明
温度/湿度校验	每季度	±2℃/±2%	未说明
分析天平质量控制检查	每次称重期间开始和结束	±3μg	2.12 第 7.8 节
工作标准质量控制检查	每次称重结束时 1 片滤膜	±15μg	未说明
标准滤膜称重	1 片同空白滤膜一起持续到下 一次称重		
性能评估	1 次/季度	TBD	未说明
实验室间比较			

11.3　定义

附录一包含了性能评估项目（PEP）中使用的术语表。

11.4　人员资质

要求经过 PM$_{2.5}$ 联邦标准方法（FRM）性能评估项目的培训，并取得实验室的笔试和实际操作能力认证。

11.5　PEP 实验室质量控制中使用的材料

11.5.1　滤膜

该项目中使用了 4 种类型的空白滤膜。

（1）来自一批次新的滤膜或新装运的滤膜，该批次滤膜未拆封且没有被使用过（平衡、称重、采样），用于确定该批次滤膜是否存在由于滤膜材料的挥发或从大气中吸收气态材料而导致滤膜重量变化的现象。

（2）来自一组采样前滤膜的空白滤膜，与该组的其他采样前滤膜一同平衡称重，以显示任何在空白滤膜的平衡期间有关事件的影响。这些空白滤膜代表同一组采样前空白滤膜的质控。

（3）实验室标准滤膜：为已经平衡且未采样的滤膜，用于确定由于分析天平和恒温恒湿室环境的污染而导致采样前和采样后称重之间的重量变化。

（4）现场空白滤膜：为已经平衡且未采样的滤膜，用于确定滤膜在采样期间是否产生类似污染。如果其他质量控制材料显示需要确定变化性的来源和原因，则也可使用现场运输滤膜。

除了这些空白滤膜之外，在每次称重期间，应对于已在采样后称重的 2～3 片滤膜重新称重，以显示实验室环境对于载荷样品产生质量相关的影响，将其与对于滤膜的影响进行区分。

11.5.2　砝码——工作标准砝码和实验室基准砝码

使用 ASTM 第 I 类 5 g、100 mg 和 200 mg 砝码作为实验室基准砝码。同时也使用一套工作标准砝码，包括 5 g、100 mg、200 mg 和 5 mg 的参考标准砝码。在每次称重期间的开始和结束都使用 100 mg 和/或 200 mg 砝码。ASTM 类砝码用于每季度确认工作标准砝码值的正确性。

11.6　采集实验室质量控制数据的程序

11.6.1　滤膜

从每批次滤膜中随机抽取 3 盒，从这 3 盒中每盒随机抽取 3 片滤膜，测量重量稳定性以确定滤膜平衡稳定所需的时间。滤膜批次是指来自 EPA、滤膜制造商或其他滤膜来源的单独装运的滤膜。在初始 24 h 平衡后，定期（每天进行或至少 5 d）对这些滤膜进行重新称重并将其储存到恒温恒湿室中。在 LIMS 和/或实验室批次数据表中记录这些测量值。在 9 片滤膜的平均重量变化小于 5 μg/d 和 ±15 μg 以前，继续进行称重。滤膜重量稳定性测试可确定该批次滤膜的平衡期间，每批滤膜必须在采样前进行平衡。每当收到一批次新的滤膜时，都重复进行此测量。

将实验室标准滤膜保存在恒温恒湿室内。应准备好足够的实验室标准滤膜，以在随后的采样后称重期间至少有一片单次使用的实验室标准滤膜（每批 1 片；估计每周时期，每月至少 4 片；如果分析更多批次则需要更多）。在 LIMS 和/或实验室批次数据表中记录采样前和采样后的重量。如果实验室标准滤膜的重量变化超过±15μg，其可能在平衡环境中产生污染，则需采取合适的故障检修和纠正措施。实验室标准滤膜的称重，与采样前后的常规滤膜称重一起进行。

每周将一台现场空白滤膜与采样器一起发送给至现场。在采样现场，将其即时安装到采样器中，在重新取回样品并运送回称重实验室以前，在评估现场将其取出并储存到采样器机箱内部的防护容器中。准备足够的现场空白滤膜以保证每周采样器至少拥有一台单次使用的现场空白滤膜。在 LIMS 和/或实验室批次数据表中记录采样前和采样后重量。如果现场空白滤膜的重量变化超过±30μg，其可能在运输期间或现场产生污染，则需要采取合适的故障检修和纠正措施。

在每次称重期间结束时，在工作标准品再称重之前，对至少 1 片常规滤膜样品进行第 2 次称重。将此样品放到下一称重批次中。如果重量差异大于 15μg，则对室内的潜在污染进行故障排除，如空白滤膜所示；如果不是实验室污染的问题，则对分析天平调零或校准漂移进行故障排除。

11.6.2　天平校准验证质量控制

每次称重期间，对分析天平校准进行验证。在称重期间开始和结束时对两种工作标准品（如 100 mg 和 200 mg）进行称量。如果工作标准砝码的验证值与测定值相差超过±3μg（例如分析天平重复性的 3 倍），则应对工作标准砝码进行重新称重。如果仍然不一致，则审查分析天平的校准和工作标准砝码，并采取合适的纠正措施，可包括：①使用分析天平内部标准对分析天平进行重新校准；②根据实验室基准砝码对工作标准砝码进行重新认证；③要求授权的分析天平维修技术员调整或修理分析天平。根据实验室基准砝码，每季度对工作标准品进行验证。称重室内初始分析天平设置期间，使用 5 mg 的砝码对灵敏度进行估算。

11.7　采集方法质量控制的程序

采样和称重方法质量控制

在整个称重期间对实验室标准滤膜和现场空白滤膜进行称重。采样前称重期间准备足够的实验室标准滤膜，以在随后的采样后称重期间至少拥有 1 片实验室标准滤膜。采样前称重期间对足够的现场标准滤膜进行称重，以保证每周采样器至少拥有 1 片单次使用的现场空白滤膜。在每次滤膜称重期间开始和结束时，对工作标准砝码进行重新称重。

在 LIMS 和/或相同意义的实验室数据表和实验室质量控制笔记簿中记录工作标准

砝码、实验室标准滤膜和滤膜的重复样测量值。如果工作标准砝码与验证值或采样前数值的差异超过±3μg，则应重复测量工作标准砝码。如果实验室标准滤膜或重复测量值与采样前数值或先前的采样后数值的差异超过±15μg，则应重复进行实验室标准滤膜或重复测量。

如果现场空白滤膜的采样前和采样后重量差异超过±30μg，则重复进行现场空白滤膜的测量。如果 2 次实验室空白滤膜测量或 2 次现场空白滤膜测量，仍然不一致，则对整个测量系统进行故障检修并采取合适的纠正措施。

不要改正样品测量值，以对实验室标准滤膜或现场空白滤膜测量作出解释。应避免因空白值过高而导致样品测量无效。如果发现很高的空白值，则对整个测量系统进行故障检修，并采取合适的纠正措施，以将空白值降低至可接受的程度。

如果实验室有多台分析天平，则对同一台分析天平上的每台滤膜进行采样前和采样后测量。

关于滤膜称重分析和质量控制检查的合格率以及数据的完整性，EPA 工作调度人员（WAM）将证实 LIMS 和/或实验室数据表中的数据。工作调度人员（WAM）将在每张完整的数据表中签名或用姓名的首字母签名。将这些表格装订在一起，作为实验室数据笔记簿。

11.8 质量保证/质量控制数据准备和评估控制图

使用控制图，提供1种图形方式确定测量系统的各组成部分是否处于统计性控制下。使用属性图，其中用曲线图表示一个参数（例如，微量天平质量控制检查或工作标准验证）的单独测量值或几次测量的平均值。表 11-2 表明实验室质量控制检查参数在图表的控制下。将控制图用做预警系统，以评估测量系统精度和偏差的趋势。见（或此处插入）EPA 质量保证手册 13 页中第 9 页第 12 章第一部分的新卷 II 的简单调零和范围控制图的示例。

表 11-2 实验室质量控制检查参数

实验室质量控制检查	控制图标绘的参数
调节环境中温度和相对湿度	在每次称重时期之前 24 h 内的平均温度、温度范围、温度标准偏差、平均相对湿度和标准偏差、相对湿度范围
批次空白	每周重量变化和批次调节期
实验室标准滤膜	每次称重期间初次和最终重量之间的差异
现场空白滤膜	通过采样器的初次和最终重量之间的差异

实验室质量控制检查	控制图标绘的参数
工作标准质量控制检查	测定重量和验证重量之间的差异
复制滤膜称重	初次和最终重量之间的差异

11.9 性能评估

11.9.1 分析天平性能评估

每年对用于称量 $PM_{2.5}$ 滤膜的每台分析天平进行内部性能评估（PE）。

注：评估员不受实验室分析员（LA）的支配。见第 1 章的图 1-1。使用 PE 性能评估的 ASTM 第 1 类质量参考标准砝码。这些砝码必须可以追溯到 NIST，偏差不大于 0.025 mg。建议使用 100 mg 和 200 mg 砝码。不要使用同样用于分析天平的每日校准验证的性能评估砝码，但是这些砝码可追溯到同样用于验证工作标准砝码的实验室基准砝码。

由于分析天平极其精密，不应由缺乏经验的人员操作，因此建议与实验室人员合作进行滤膜称重过程的性能评估。通常进行 $PM_{2.5}$ 监控称重的分析员应协助评估员对天平进行准备，将要进行一系列滤膜称重。

在 LIMS 或实验室质量控制笔记簿上记录所有性能评估数据。天平显示应与性能评估砝码的认定值一致，在 ±20μg 范围内（ASTM 第 1 类标准的单独公差的 2 倍）。

许多实验室都会与维修服务代表达成一致意见，进行分析天平的定期维修。性能评估项目实验室已经安排进行半年一次的巡检。在定期维修前以及维修之后实施性能评估可能是有益的。

如果评估员想要实施称重实验室操作的技术系统审计（TSA），则应评估下列项目：

（1）审查实验室接收来自现场样品的过程以及如何检验样品、检查样品温度、登记样品并进行调节为称重做准备。同时审查记录，以确保过去几个月内天平室温度和相对湿度控制在规定范围内。

（2）审查各天平的维护和校准记录。常规天平维护和校准必须由制造商的维修服务代表在制造商规定的计划周期内实施。服务巡检之间的间隔在任何情况下都不应超过 1 年。

（3）审查滤膜称重过程的质量控制数据记录。确保已经实施下列质量控制活动并用文件证明：

a. 每次滤膜称重期间开始和结束时的工作标准砝码检查；

b. 来自滤膜装运批的滤膜批次在采样前和采样后称重期间暴露批空白滤膜的检查；

c. 每天关于天平操作的实验室标准滤膜称重；

d. 现场空白滤膜称重；

e. 一次称重期间 2～3 片滤膜的重复滤膜称重，随后 1 片重复滤膜转移到下一称重期间。

如果质量控制检查超出限制，则应注意采取纠正措施。

（4）观察分析员的技术，并审查实验室称重程序，确定采样滤膜的皮重和毛重。可使用下列方案，评估暴露和未暴露滤膜的技术和重量稳定性：

a. 在每组最近称重的 50 片或少于 50 片滤膜中随机选择 4 片平衡的未暴露滤膜，并且分析员对其进行重新称重。对于 50～100 片滤膜组，对每组中 7 片滤膜进行重新称重。

b. 在审核表或笔记簿中记录原值和审核重量。计算每片滤膜的初始重量（以 mg 为单位）和审核重量（以 mg 为单位）之间的重量差异。

对于未暴露滤膜，差异应小于 ±15μg（0.015 mg）。对于暴露的滤膜，挥发性颗粒物的潜在损失阻止有意义验收或拒收界限的确立。将审核数据转发给实验室主管进行审查。

（5）审查质量、温度和相对湿度标准的验证记录和可追踪性。

（6）审查温度、相对湿度、空白滤膜、工作标准质量控制检查和重复滤膜称重的控制图。

11.9.2　多个实验室的滤膜更换称量

每个季度，在称重后尽快将一批已经过称重的滤膜样品以及已验收的数据在两个国家实验室之间进行更换。然后这些批次将运送至空气质量规划与标准办公室（OAQPS）实验室进行称重。按照所需的验收标准，此项目前仍然处于研究发展过程中。

12 滤膜存储和存档

12.1 适用范围

本章描述了滤膜（采样称重后）和相关数据的存储程序。

12.2 方法概述

采样后滤膜在称重完成后，实验室分析员（LA）需对滤膜存档，填写滤膜存档跟踪表 COC-3。每片滤膜都放置到贴有标签的滤膜保存盒中，盒子通过项目、年（4 位数的年份）和箱号（2 位数）进行唯一标识。滤膜归档后，冰箱存储 1 年，常温再保存 2 年。在处置前，档案保管组织机构应将滤膜处置的目的告知空气质量规划与标准办公室（OAQPS）。

12.3 定义

附录一包含了性能评估项目（PEP）中使用的术语表。

12.4 人员资质

要求经过 $PM_{2.5}$ 联邦标准方法（FRM）性能评估项目的培训，并取得实验室部分的笔试和实际操作能力认证。

12.5　设备和材料

12.5.1　滤膜的存储和存档

（1）滤膜（采样后已称重，放置在贴有标签的培养皿中）；

（2）滤膜保存盒箱（100 个滤膜保存盒/箱）；

（3）抗渗包装或箱子[比如泡沫包装或自封袋，足够大可容纳箱子（6″×6″×5″）]；

（4）冰箱，4℃或更低，无霜，能容纳 1 年的存储物（6 个箱子）；

（5）架子或搁物架（滤膜第 2 年和第 3 年的存储区域）。

12.5.2　纸质文件存储和存档

（1）书柜或档案柜；

（2）黏合剂、标签；档案夹和档案架。

12.5.3　电子文件存储和存档

（1）现有 EPA 电子文件存储设施或搁物架/架子中的空间；

（2）数据存储介质储物盒和标签。

12.5.4　设施要求

恒温恒湿室中大约 4′×12′ 的空间；区域 4 和区域 10 有电子备份。

12.6　采样后滤膜存储和存档

12.6.1　要求

（1）采样后滤膜称重之后，放在贴有标签的滤膜保存盒中，包裹后储存至少 3 年或直到 EPA 通知可以将其丢弃；

（2）第 1 年，储存到 4℃ 或更低温度的冰箱中，将贴有标签的包裹纳入防潮层（如自封袋）；

（3）第 2 年和第 3 年，将包装后的滤膜储存到没有余热、湿气和污染（常温、干燥、洁净）的区域，不需要将其储存到空调环境中；

（4）包裹上应贴上标签，标明包裹中所含的滤膜 ID 号码。将其有序存储以便进行检索。实验室分析员（LA）和工作调度人员（WAM）应保留所有的纸质和电子版本记录。

12.6.2 滤膜存储和存档程序

（1）滤膜的存储以箱为单位，每箱有 4 个筒，每筒能容纳 25 片滤膜（带滤膜保存盒）。实验室分析员（LA）将箱子放在恒温恒湿室中，直到装满。

（2）实验室分析员（LA）以箱子 ID 号顺序（4—或 10—99—1，4—或 10—99—2，等）在箱子上贴上标签表明下一 ID 号。实验室分析员（LA）将箱子 ID 号以及箱内滤膜号列入到滤膜跟踪存档表（COC-3）。

（3）当箱子装满时，实验室分析员（LA）将箱子以及相关部分的 COC-3 表格交付给指定的档案保管人。

（4）收到 1 个箱子后，保管人在表 COC-3 的相应栏目位置（在注释列）填写接收日期和档案保管人姓名。

（5）将箱子从冷藏库转移后，保管人应记录转移日期以及保管人的首字母缩写。

（6）最后，保管人在表 COC-3 中记录日期和首字母缩写。

（7）保管人应将 COC 表格（以及所有箱子 ID 号的累积按年代顺序排列库存）保存在贴有标签的档案柜和/或计算机文件中。档案柜位于 EPA 区域 4 和区域 10 实验室工作调度人员（WAM）已知并可直接获取的位置。

（8）任何搬运必须由实验室工作调度人员（WAM）在表格中签名批准进行授权，并且必须在表格中进行记录，同时也包含保管人的签名、搬运和返回日期、搬运人的签名以及搬运的理由。保管人将搬运记录表格与合适的 COC-3 表格一起保存。

12.6.3 存档样品稳定性试验

实验室分析员（LA）将提供至少 3 片空白滤膜和 3 片常规滤膜。在第 1 年期间，实验室分析员（LA）应重新取回滤膜并按照标准操作程序对其进行平衡和称重。此数据为质量控制数据，可用于变更程序和确立控制限度和/或显示存档处理对滤膜重量的影响。

12.7 数据和记录管理

$PM_{2.5}$ 相关信息收录在性能评估项目（PEP）的实验室记录和归档系统中。以与 EPA 记录管理系统类似的方式对其进行整理，并遵循同样的编码方案，使信息易于检索。表 12-1 包括存档的文件和记录。根据表 12-1 中的编码，所有 $PM_{2.5}$ 信息按照类别归档。随此标准操作程序附上一份 COC-3。注意在页眉空间的注释列上（添加）标题"冷藏结束日期"和"最终处置日期"，填写完整。

表 12-1　PM$_{2.5}$ PEP 实验室归档系统

类别	记录/ 文件类型	档案编码
管理和组织	组织结构	ADMI/106
	人员资格和培训	PERS/123
	培训认证	AIRP/482
	质量管理计划	AIRP/216
	文件控制计划	ADMI/307
	EPA 指示	DIRE/007
	同意分配	BUDG/043-CONT/003
	支持合同	CONT/202
环境数据操作	质量保证项目计划	PROG/185
	标准操作程序	SAMP/223
	实验室笔记簿	SAMP/502
	通信	SAMP/502
	样品处理/保管记录	TRAN/643
	检验/维护记录	AIRP/486
原始数据	任何原始数据（常规和质量控制数据），包括数据输入表和温度和湿度	SAMP/223
数据报告	空气质量指标报告	AIRP/484
	年度 SLAMS 空气质量信息	AIRP/484
	每周进度报告	AIRP/484
	数据/综合报告	AIRP/484
	期刊文章/论文/简报	PUBL/250
数据管理	数据算法	INFO/304
	数据管理计划/流程图	INFO/304
	PM$_{2.5}$ 数据	INFO/160- INFO/173
	数据管理系统	INFO/304- INFO/170
质量保证	最佳实验室管理规范	COMP/322
	网络评审	OVER/255
	控制图	SAMP/223
	数据质量评估	SAMP/223
	质量保证报告	OVER/203
	系统审核	OVER/255
	反应/纠正措施报告	PROG/082　OVER/658

附录一

术 语 表

精确度——真实值的单独测量或大量测量平均值的一致程度。精确度包括由于采样和分析操作引起的随机误差（精密度）和系统误差（偏差）组件的结合；EPA 建议使用术语"精密度"和"偏差" 来传达通常与精确度有关的信息，而不是"精确度"。

评估——用于测量系统和其要素的性能或效果的评估过程。如这里所使用的一样，评估是一个包罗万象的术语，用于表示下列事物中的任何一个：审核、性能评估（PE）、管理系统评审（MSR）、同行评审、检验或监督。

美国国家标准协会（ANSI）——美国私营部门无偿标准化体系的管理者和协调者。

美国材料与试验协会（ASTM）——制定并发布测试协议以及提供参考标准的专业组织。

ANSI/ASTM 1 类标准——在符合 ASTM 关于实验室称重的标准规范以及精密质量标准（E 617-9），尤其是 1 类规格的情况下，使用经制造商认证的微量天平进行称重操作的标准，可追溯到 NIST。

数据质量审核（ADQ）——与环境测量相关的文件编制和程序的定性和定量评价，以验证结果数据质量是否合格。

审核（质量）——系统、独立的检查，以确定质量活动和相关结果是否遵守计划的安排，并且这些安排是否得到有效执行并达到目标。

偏差——一次测量过程的系统或持续的失真在某个方面引起的误差（例如，预期的样品测量与样品的真实值不同）。

空白滤膜——没有任何分析物的样品，用于经过普通的分析或测量过程确定调零基线或背景值，有时用于调整或纠正常规分析结果。空白滤膜用于检测样品处理、准备和（或）分析期间的污染。

校准——通过和标准的或具有更高精确度的仪器比较，得到并调整仪器误差的行为。

校准漂移——再校准以前一段时间内仪器响应值与参考值之间的偏离。

认证——根据规格的测试和评估过程，目的在于用文件证明、验证和识别人、组织或其他实体在一段特定时间内执行一种功能或服务的胜任程度。

监管链——确保样品、数据和记录的物理安全的完整的责任过程。

特性——任何明显的、可记述的和（或）可测量的数据、项目、过程或服务的性质或属性。

检查标准——独立于校准标准之外制定的，并对类似样品进行分析的标准。检查标准结果用于估计分析精密度，并显示分析系统的校准导致的偏差。

配置的样品——相同的时间和空间点采集的两个或更多样品，可认为是完全相同的。这些样品也称为现场复制品，并以此记录。

可比性——置信测量，可使用其将数据集或方法与另一个进行比较。

完整性——从测量系统获取的有效数据量的测量，与正确和正常条件下预计获得的数量相比较。

调节环境——特定范围的温度和湿度值，其中未暴露和暴露滤膜在称重分析之前至少24h内进行调节。

保密程序——用于保护机密商业信息（包括专有数据和人事记录）免受越权存取的程序。

符合性——对于产品或服务满足有关规范、合同或法规要求的肯定指示或判断；同时，也包括符合要求的声明。

控制图——在一段时间内质量控制（QC）信息的图形显示。如果程序处于"控制"中，则结果通常属于所确定的控制限度范围内。在检测不良性能和异常动态或周期中，此图是非常有用的，可立即对结果进行纠正。

纠正措施——为改正不利于质量并且可能在一定情况下再发生的条件所采取的措施。

相关系数——在-1和1之间的数字，表明两个变量或数集之间的线性度。越接近-1或+1，两者之间的线性关系则越强；接近于零的值则表明两个变量之间不相关。最普遍的相关系数为积差，即两个变量之间线性关系度的测量。

数据质量目标（DQO）——来源于DQO过程的定性和定量陈述，阐明研究的技术和质量目标，明确合适的数据类型，并详细说明潜在决定误差的可容许水平，其将为决策提供所需的数据质量和数量。

数据质量评估（DQA）——数据的科学和统计学评价，以确定从环境操作获取的数据具有恰当的类型、质量和数量，以支持其预期的用途。DQA过程的五步包括：①审查DQO和采样设计；②进行初步的数据审查；③选择统计学测试；④验证统计学测试的假设；⑤得出来自数据的结论。

数据可用性——确保或确定所产生的数据质量是否满足数据的预期用途的过程。

数据缩减——通过算术或统计计算、标准曲线和集中系数将数据项的数量进行转换，以及将其整理到一个更有用的表格中的过程。数据缩减是不可撤销的，并通常导致一个简化的数据集和一个相关的细节损失。

已知质量的数据——与用文件证明其预期用途的微分相关的定性和定量成分的数据，同时此证明文件可证实且可解释。

数据质量目标（DQO）过程——基于科学方法的系统的战略规划工具，识别并明确所需数据的类型、质量和数量，以满足指定用途。DQO过程的关键要素包括：

> 说明问题；

> 识别决策的输入；
> 界定研究范围；
> 开发判定标准；
> 指定决策错误容忍的限度；
> 用于获取数据的优化设计。

DQOs 从 DQO 程序中定性和定量输出。

数据质量指标（DQI）——定量统计和定性描述符，用于向用户解释数据的可接受性或实用程度。主要的数据质量指标为偏差、精密度、精确度（优先考虑偏差）、可比性、完整性、代表性。

设计变更——批准并发布的设计输出文件所规定的技术要求的任何修正或改变，以及其中批准并发布的变更。

分配——（1）经过一段时间，在一个区域或在一个容量范围内，某一点环境污染的指定；（2）用于描述一组观察值（统计样品）或由观察值产生的总数的概率函数（密度函数质量函数、或分布函数）。

文件控制——机构用以确保文件及其修订版本，根据其要求被提议、评审、发布、存储、分发、存档、存储和恢复的文件和政策和程序。

干球温度——空气的实际温度，用于与湿球温度相比较。

复样——来自于同样群体的两种样品以及代表，以相同的方式完成采样和分析程序的所有步骤。复样用于评估总方法的变异，包括采样和分析。参见"配置的样品"。

静电荷积聚——静态电荷在一个样品上的积聚，比如 $PM_{2.5}$ 滤膜，使其难以处理并吸引或排斥颗粒物，且可影响称重的准确度。

环境过程——任何向周围环境产生排放物或影响周围环境的制造的或自然过程。

环境监测——测量或采集环境数据的过程。

环境条件——依据其物理、化学、放射学或生物学特性所表达的物理介质（例如空气、水、土壤、沉积物）或生物系统的描述。

环境数据运算——为获取、使用或报告与环境过程和条件有关的信息而执行的工作。

平衡室——通常用塑料或玻璃建造的一间干净的房间，保持在近似恒定的温度和湿度，用于储存和调节 $PM_{2.5}$ 滤膜，直到滤膜及其采集的微粒样品（如果滤膜已经暴露）已经达到一个湿度平衡的稳定状态。

估算——样品特征，可对参数进行推断。

证据记录——确定为诉讼部分并受制于受限存取、保管、使用和处置的记录。

现场空白滤膜——在一次 $PM_{2.5}$ 采样前称重并用于质量保证用途的滤膜。现场空白滤膜为随机选取的新滤膜，以滤膜用来采样、在采样器上安装、未采样的情况下从采样器移除、在采样现场储存到采样器机箱内防护容器等同样步骤将这些现场空白滤膜运输到采样现场，直到相应实际采样滤膜重新取回，并返回到实验室进行采样后称重，在其中以实际的样品滤膜同样的方法进行处理并重新称重，作为质量控制检查，以检测由于滤膜处理引起的重量变化。

现场分样——从同样的样品中获取并提交给不同实验室进行分析，以估算多个实验室的精密度的两个或以上的典型部分。

HEPA 滤膜——高效空气粒子滤膜，是一种延伸介质干式滤膜，使用单分散 0.3 μm 颗粒物气溶胶进行试验时，最低截取效率为 99.97%。

保持时间——样品在所需的分析之前可被储存的时间。超过保持时间并不一定否定分析结果的精确性，其可使任何未符合所有规定验收标准的数据具有资格或"标记"。

温湿度计——温度计和湿度计结合的仪器，并在同一图中提供环境温度和湿度的同步时间记录，在确定每张用于现场用途的 PM$_{2.5}$ 滤膜的采样前（皮重）重量时，对新的实验室空白滤膜进行称重。现场采样期间，实验室空白滤膜仍然处于实验室的防护容器中并在每次称重期间重新称重，作为质量控制检查。

识别误差——分析物的错误识别。在此错误类型中，目标污染物未经识别，并且错误地将用另一污染物来表征实测浓度。

独立评估——由不属于直接执行并负责所评估工作的组织的符合规定的个人、团体或组织所执行的评估。

内部标准——将样品试验部分添加到已知数量并完成整个含量测定程序的标准样品，作为校准和控制实用分析法的精密度和偏差的一个参考。

实验室分析员——用于描述负责标准操作程序中所述活动的 ESAT 承包人的通用术语。

实验室分样——从同样的样品中获取，并由不同实验室进行分析，以估算多个实验室的精密度、可变性以及数据可比性的两个或以上的代表性分样。

管理系统——有结构的非技术性系统，描述一个组织的政策、目标、原则、组织权威、职责、管理责任和实施计划，以进行工作并产生项目和服务。

管理系统审查（MSR）——对数据采集操作和（或）组织的定性评估，以确定现行的质量管理结构、政策、实践和程序是否足以确保获取所需的数据类型和质量。

管理——直接负责规划、执行并评估工作的个体。

质量参考标准—— NIST-可追踪称重标准，通常处于滤膜所预期的重量范围内。

均方误差——统计学术语，方差加入偏差的平方中。

（算术）平均值——一组测量的所有值总和除以此组中值的个数；集中趋势度量。

测量和试验设备（M&TE）——用于校准、测量、试验或检验的工具、仪表、仪器、采样等装置或系统，以控制或获得数据，验证指定要求的符合性。

记忆效应误差——较高浓度样品对同一分析物的较低浓度样品的测量所产生的效应，较高浓度样品在同一分析仪器中将影响较低浓度样品测量。

方法——用于实施一项活动（例如采样、化学分析、定量）的大量程序和技术，按其执行的顺序系统地存在。

中等检查——用于确定测量方法的中等校准范围是否仍然处于规格范围内。

客观证据——根据可进行验证的观察、测量或实验，任何与项目或活动质量有关的备有证明文件的事实陈述、其他信息，或定量或定性记录。

组织结构——按照一种模式设置的职责、权限和关系，一个组织通过其实施职能。

组织——合并或未合并的、公有或私有的公司、企业或机构，或其中一部分，具备其自己的职能和管理部门。

异常值——极端观测值，显示为属于规定数据全域的低概率。

参数——通常为未知的数量，例如显示总体的平均值或标准偏差。一般误用于"变量"、"特性"或"性质"。

同行评审——备有证明文件的严格工作评审，通常超越目前发展水平或以潜在不确定性的存在为特征。由独立于执行工作，但总体来说在专业技术方面（例如同行）与执行原来工作的人相当的合格个体（或组织）来实施。进行同行评审，确保活动在技术上充足，有能力实施，备有合适的证明文件，并且满足所制定的技术和质量要求。对于假设、计算、外推法、替换解释、方法学、验收标准和与具体工作有关结论的深入评估，以及支持其的证明文件的深入评估。同行评审提供关于一个主题的评估，而分析的定量方法或成功的度量都难以获得或不明确，例如在研究和开发中。

性能评估（PE）——一种类型的审核，其中可单独获得测量系统中产生的定量数据并与常规获得的数据相比较，以评估分析员或实验室的熟练程度。

$PM_{2.5}$ 采样器——用于监控大气中 $PM_{2.5}$ 的采样器，根据惯性分离和过滤的原则，从空气中采集颗粒物的样品。采样器也保持一种恒定的采样流量并可以记录实际流量和总采样量。滤膜捕获物重量除以采样量，计算出 $PM_{2.5}$ 质量浓度。采样器不能直接计算 $PM_{2.5}$ 的浓度。

$PM_{2.5}$——气体动力学直径小于或等于 2.5μm 的颗粒物（悬浮在大气中）。

钋 210（^{210}Po）抗静电带——包含少量 ^{210}Po 的装置，发出 α 粒子（He^{2+}）中和滤膜上的静电荷，使其易于处理并且其重量更精确。

聚四氟乙烯（PTFE）——用于制造 $PM_{2.5}$ 联邦标准法（FRM）和联邦等值法（FEM）采样器所需的 46.2mm 直径滤膜的聚合物，也被称为 Teflon®。

质量保证主管（协调员）——协助申报组织的质量计划制订、对质量问题（包括培训）管理提出建议、监督质量系统的控制和审核部分并报告结果的职员。

过程——将输入转换为输出的一组互相联系的资源和活动。例如，过程包括分析、设计、数据采集、操作、制造和计算。

合格服务——对于提供服务的供应商进行评估并确定其符合客户的技术和质量要求，可以依照认可的采购文件规定以及供应商的说明使客户满意。

合格数据——已经过修改或调整的数据，作为统计学或数学评估、数据有效性或数据验证操作的数据。

质量改进——提高操作质量的管理计划。此管理计划通常包括以及时管理评估和反馈或履行的建议鼓励工人的正式机制。

质量管理——确定并实施质量政策的组织的全面管理系统方面。质量管理包括战略规划、资源配置和其他与质量系统相关的系统活动（比如，规划、履行和评估）。

质量控制（QC）——技术活动的综合系统，按照所定义的标准，测量过程、项目或服务的属性和性能，以验证其是否符合客户所制定的公认要求；用于满足质量要求的操作技术和活动。活动和检查系统，用于确保测量系统维持在所规定的极限范围内，根据"失控"条件提供保护并确保结果具备合格的质量。

质量——一项产品或与其相关的服务的总体特点和特性，以满足用户任何明示或默示的需求和期望。

质量保证（QA）——管理活动的综合系统，包括规划、履行、评估、报告和质量改进，以确保过程、项目或服务具备客户所需和期望的类型和质量。

质量保证项目计划（QAPP）——一份正式文件，全面详细描述必要的质量保证（QA）、质量控制（QC）和其他必须执行的技术活动，以确保所实施工作的结果将符合所规定的性能标准。质量保证项目计划可分为四类：（1）项目管理，（2）测量/数据采集，（3）评估/监督，（4）数据有效性和可用性。在 EPA QA/R-5 和 QA/G-5 中可看到有关质量保证项目计划制定的指导和要求。

质量系统——一个有组织并备有证明文件的管理系统，描述一个机构的政策、目标、原则、组织权威、职责、管理责任和实施计划，以确保工作过程、产品（项目）和服务的质量。质量系统为规划、履行并评估组织所进行的工作以及执行所需的质量保证（QA）和质量控制（QC）提供框架。

质量管理计划（QMP）——一份在组织结构、管理部门和员工的功能性责任、权限以及规划、履行并评估所有进行的活动所需界面等方面对质量系统进行描述的正式文件。

可读性——可在微量天平显示器上读取的两个测定值之间的最小差异。术语"分辨率"是一个常用的同义词。

就绪审查——对于准备启动或继续使用设施、过程或活动的系统的并备有证明的审查。通常在继续进行项目时间表以外的活动之前以及主要工作阶段启动前进行就绪审查。

记录（质量）——提供项目或活动质量的客观证据并已经过验证和认证为技术性完整和正确的文件。记录可包括照片、图纸、磁带和其他数据记录介质。

修复——将空气、水或土壤介质中污染物浓度降低至对人类健康造成可接受风险的水平的过程。

可重复性——在相同的测量条件下，微量天平在相同质量的重复称重中显示同样结果的某种程度的能力。术语"精密度"有时用作同义词。

可重现性——在短时间内，同一分析员使用同样的试验方法和设备，对同一样品的随机等分部分进行单独试验所产生的结果之间的一致程度。

申报限制——数据采集项目中所需申报的目标分析物的最低浓度或数量。申报限制通常比检测极限更大，并且通常与概率水平无关。

代表性——数据准确且精确地代表一个样本或在采样点的一个参数变化、过程条件或环境条件的特性的程度。

再现性——精密度，通常以方差表示，测量不同实验室同一样品的测量结果之间的可变性。

研究开发/示范——从研究中获取的并针对有用材料的生产、装置、系统或方法包括原型和过程的知识和了解的系统使用。

科学方法——科学调研所必要的原则和过程，包括观念或假设形成的规则、实验准则以及通过对观察值的分析校验假设。

自我评估——直接负责监督和/或实施工作的个人、团体或组织所进行的工作评估。

服务——在供应商和客户之间界面上活动，以及供应商为满足客户需求进行的内部活动所产生的结果。环境规划中的活动包括设计、检验、实验室和（或）现场分析、维修和安装。

软件生存周期——当软件产品构思时启动以及软件产品不再用于常规用途时结束的一段时间。软件生存周期通常包括需求阶段、设计阶段、实施阶段、测试阶段、安装和核查阶段、运行和维护阶段，有时还包括退役阶段。

跨距检查——用于确定测量方法没有偏离其校准范围的标准。

特定成分——将已知数量的此物质添加到环境样品中，以增加目标分析物的浓度；用于评估测量精度（特定成分回收）。特定成分复制用于评估测量精密度。

分样——从现场或实验室的一个样品中获取并由不同分析员或实验室进行分析的两个或以上的代表性部分。分样为用于评估分析可变性和可比性的质量控制（QC）样品。

标准操作程序（SOP）——详细说明用于操作、分析或根据规定技术和步骤采取行动的方法，并正式批准为执行某常规或重复任务的方法的书面文件。

标准偏差——样品或总体分布的某种程度分散性或不精确性，表示为方差的正平方根，并且具有与平均值相同的计量单位。

供应商——按照采购文件或财政资助协议提供项目或服务或执行工作的个体或组织。一个用于代替下列词语的包罗万象的术语：卖主、卖方、承包人、分包商、制造者或顾问。

监督（质量）——对于实体状态和记录分析的继续或频繁监视和验证，以确保满足所规定的要求。

技术系统审核（TSA）——设施、设备、人员、培训、程序、记录保存、数据有效性、数据管理和系统申报方面的全面系统的现场定性审核。

技术评审——对于在目前发展水平范围内实施的工作进行严格审查且备有证明文件。由独立于执行工作但总体来说在专业技术方面与执行原来工作的人相等的一个或以上合格的评审员完成评审。此评审是对文件、活动、材料、数据或项目的深入分析和评估，需要对适用性、正确性、充分性、完整性和保证已经满足所制定的要求进行技术验证或校验。

可追踪性——通过所记录的识别方式，追踪实体的历史、应用或位置的能力。从校准意义上说，可追踪性将测量设备与国家或国际标准、基本标准、基本物理常数或属性，或参考材料联系起来。从数据采集意义上说，其将计算和整个项目产生的数据与项目质量的要求联系起来。

校验——通过客观证据的检查和规定，确认已经满足特定用途的特殊要求。在设计和开发中，校验涉及检查产品或结果的过程，以确定符合用户的需求。

方差（统计学）——样品或总体分布的某种程度分散性。总体方差为平均值偏差平方和除以总体大小（单元数）。样品方差为平均值偏差平方和除以自由度（观测次数减去 1）。

验证——通过客观证据的检查和规定，确认已经满足特定用途的特殊要求。在设计和开发中，验证涉及检查一项已知活动结果的过程，以确定符合此项活动所规定的要求。

湿球温度计——具有细纱布覆盖球状物的温度计，将其弄湿并用于测量湿球温度。

湿球温度——处于均衡状态下的湿球温度计的温度，环境空气的恒流速度为 2.5～10.0 m/s。

环境空气颗粒物（PM$_{2.5}$）手工监测方法（重量法）技术规范

1 适用范围

本标准规定了环境空气颗粒物（PM$_{2.5}$）手工监测方法（重量法）的采样、分析、数据处理、质量控制和质量保证等方面的技术要求。

本标准适用于手工监测方法（重量法）对环境空气颗粒物（PM$_{2.5}$）进行监测的活动。

2 规范性引用文件

本标准引用了下列文件或其中的条款，凡是未注明日期的引用文件，其最新版本适用于本标准。

GB 3095—2012 环境空气质量标准

HJ/T 93 环境空气颗粒物（PM$_{10}$和PM$_{2.5}$）采样器技术要求及检测方法

JJG 1036 电子天平

3 术语和定义

下列术语和定义适用于本标准。

3.1

颗粒物（粒径小于等于 2.5 μm）particulate matter（PM$_{2.5}$）

指环境空气中空气动力学当量直径小于等于 2.5μm 的颗粒物，也称细颗粒物。

3.2

环境空气质量手工监测 ambient air quality manual monitoring

在监测点位用采样装置采集一定时段的环境空气样品，将采集的样品在实验室用分析仪器分析、处理的过程。

3.3

工作点流量 air flow rate

采样器在工作环境条件下，采气流量保持定值，并能保证切割器切割特性的流量称为采样器的工作点流量。

3.4

24 小时平均 24 hour average

指一个自然日 24 小时平均浓度的算术平均值，也称为日平均。

3.5

标准状态　standard state

指温度为 273.15 K，压力为 101.325 kPa 时的状态。本标准中的污染物浓度均为标准状态下的浓度。

3.6

检定分度值（e）Calibration scale

用于划分天平级别的以质量单位表示的值。

4　方法原理

采样器以恒定采样流量抽取环境空气，使环境空气中 PM$_{2.5}$ 被截留在已知质量的滤膜上，根据采样前后滤膜的质量变化和累积采样体积，计算出 PM$_{2.5}$ 浓度。

PM$_{2.5}$ 采样器的工作点流量不做必须要求，一般情况如下：

大流量采样器工作点流量为 1.05 m^3/min；

中流量采样器工作点流量为 100 L/min；

小流量采样器工作点流量为 16.67 L/min。

5　仪器和设备

5.1　PM$_{2.5}$ 采样器

PM$_{2.5}$ 采样器由切割器、滤膜夹、流量测量及控制部件、抽气泵等组成。

手工监测使用的 PM$_{2.5}$ 采样器性能和技术指标应符合 HJ 93 的要求，手工监测 PM$_{2.5}$ 使用的采样器应取得环境保护部环境监测仪器质量监督检验中心出具的产品适用性检测合格报告。

5.2　流量校准器

用于对不同流量的采样器进行流量校准。

大流量流量校准器：在 0.8～1.4 m^3/min 范围内，误差≤2%。

中流量流量校准器：在 60～125 L/min 范围内，误差≤2%。

小流量流量校准器：在 0～30 L/min 范围内，误差≤2%。

5.3　温度计

用于测量环境温度，校准采样器温度测量部件：测量范围 –30～50℃，精度：±0.5℃。

5.4　气压计

用于测量环境大气压，校准采样器大气压测量部件：测量范围 50～107 kPa，精度：±0.1 kPa。

5.5　湿度计

用于测量环境湿度，测量范围 10%～100%RH，精度：±5%RH。

5.6　滤膜

可根据监测目的选用玻璃纤维滤膜、石英滤膜等无机滤膜或聚四氟乙烯、聚氯乙烯、聚丙烯、混合纤维素等有机滤膜。滤膜对 0.3 μm 标准粒子的截留效率不低于 99.7%，滤膜的其他技术指标要求参见附录 C。

5.7　滤膜保存盒

用于存放滤膜或滤膜夹的滤膜桶或滤膜盒，应使用对测量结果无影响的惰性材料制造，应对滤膜不粘连，方便取放。

5.8　分析天平

用于对滤膜进行称量，检定分度值不超过 0.1 mg，分析天平技术性能应符合 JJG 1036 的规定。

5.9　恒温恒湿设备

用于对滤膜进行温度、湿度平衡。

（1）温度控制 15～30℃任意一点，控温精度±1℃。

（2）湿度控制（50±5）%RH。

6　采样

6.1　采样前准备

6.1.1　切割器清洗：切割器应定期清洗，清洗周期视当地空气质量状况而定。一般情况下累计采样 168 h 应清洗一次切割器，如遇扬尘、沙尘暴等恶劣天气，应及时清洗。

6.1.2　环境温度检查和校准：用温度计检查采样器的环境温度测量示值误差，每次采样前检查一次，若环境温度测量示值误差超过±2℃，应对采样器进行温度校准。

6.1.3　环境大气压检查和校准：用气压计检查采样器的环境大气压测量示值误差，每次采样前检查一次，若环境大气压测量示值误差超过±1 kPa，应对采样器进行压力校准。

6.1.4　气密性检查：应定期检查，操作方法参见附录 A。

6.1.5　采样流量检查：用流量校准器检查采样流量，一般情况下累计采样 168 h 检查一次，若流量测量误差超过采样器设定流量的±2%，应对采样流量进行校准。采样流量校准方法参见附录 B。

6.1.6　滤膜检查：滤膜应边缘平整、厚薄均匀、无毛刺，无污染，不得有针孔或任何破损。有机滤膜检查方法参见附录 C。

6.1.7　采样前空滤膜称量：按第 7 章将滤膜进行平衡处理至恒重，称量，记录称量环境条件和滤膜质量，将称量后的滤膜放入滤膜保存盒中备用。

6.2 样品采集

6.2.1 采样环境

6.2.1.1 采样器入口距地面或采样平台的高度不低于 1.5 m,切割器流路应垂直于地面。

6.2.1.2 当多台采样器平行采样时,若采样器的采样流量≤200 L/min 时,相互之间的距离为 1 m 左右;若采样器的采样流量＞200 L/min 时,相互之间的距离为 2～4 m。

6.2.1.3 如果测定交通枢纽的 PM$_{2.5}$ 浓度值,采样点应布置在距人行道边缘外侧 1 m 处。

6.2.2 采样时间

6.2.2.1 测定 PM$_{2.5}$ 日平均浓度,每日采样时间应不少于 20 h。

6.2.2.2 采样时间应保证滤膜上的颗粒物负载量不少于称量天平检定分度值的 100 倍。例如,使用的称量天平检定分度值为 0.01 mg 时,滤膜上的颗粒物负载量应不少于 1 mg。

6.2.3 采样操作

6.2.3.1 采样时,将已编号、称量的滤膜(6.1.7)用无锯齿状镊子放入洁净的滤膜夹内,滤膜毛面应朝向进气方向,将滤膜牢固压紧。

6.2.3.2 将滤膜夹正确放入采样器中,设置采样时间等参数,启动采样器采样。

6.2.3.3 采样结束后,用镊子取出滤膜,放入滤膜保存盒中,记录采样体积等信息,采样记录表参见附录 D 表 D.1。

6.2.4 样品保存

样品采集完成后,滤膜应尽快平衡称量;如不能及时平衡称量,应将滤膜放置在 4℃条件下密闭冷藏保存,最长不超过 30 d。

7 称量

7.1 将滤膜放在恒温恒湿设备中平衡至少 24 h 后进行称量。平衡条件为:温度应控制在 15～30℃范围内任意一点,控温精度±1℃;湿度应控制在(50±5)%RH。天平室温、湿度条件应与恒温恒湿设备保持一致。天平室的其他环境条件应符合 JJG 1036 标准中的有关要求。

7.2 记录恒温恒湿设备平衡温度和湿度,应确保滤膜在采样前后平衡条件一致。

7.3 滤膜平衡后用分析天平对滤膜进行称量,记录滤膜质量和编号等信息,记录表参见附录 D 表 D.2。

7.4 滤膜首次称量后,在相同条件平衡 1 h 后需再次称量。当使用大流量采样器时,同一滤膜两次称量质量之差应小于 0.4 mg;当使用中流量或小流量采样器时,同一滤膜两次称量质量之差应小于 0.04 mg;以两次称量结果的平均值作为滤膜称重值。同一滤膜前后两次称量之差超出以上范围则该滤膜作废。

8　结果计算与表述

8.1　结果计算

PM$_{2.5}$浓度按式（1）计算：

$$\rho = \frac{w_2 - w_1}{V} \times 1\,000 \tag{1}$$

式中：ρ——PM$_{2.5}$浓度，μg/m^3；

　　　　w_2——采样后滤膜的质量，mg；

　　　　w_1——采样前滤膜的质量，mg；

　　　　V——标准状态下的采样体积，m^3。

8.2　结果表示

PM$_{2.5}$浓度计算结果保留到整数位（单位：μg/m^3）。

8.3　记录要求

采样、分析人员应及时准确记录各项采样、分析条件参数，记录内容应完整，字迹清晰、书写工整、数据更正规范。

9　质量保证与质量控制

9.1　监测仪器管理

建立监测仪器管理制度，操作中使用的仪器设备应定期检定、校准和维护。检定、校准和维护周期参见附录 E。

9.2　采样过程质量控制

9.2.1　当滤膜安放正确，采样系统无漏气时，采样后滤膜上颗粒物与四周白边之间界线应清晰；如出现界线模糊时，则表明有漏气，应检查滤膜安装是否正确，或者更换滤膜密封垫、滤膜夹。该滤膜样品作废。

9.2.2　采样时，采样器的排气应不对 PM$_{2.5}$浓度测量产生影响。

9.2.3　向采样器中放置和取出滤膜时，应佩戴乙烯基手套等实验室专用手套，使用无锯齿状镊子。

9.2.4　采样过程中应配置空白滤膜，空白滤膜应与采样滤膜一起进行恒重、称量，并记录相关数据。空白滤膜应和采样滤膜一起被运送至采样地点，不采样并保持和采样滤膜相同的时间，与采样后的滤膜一起运回实验室，按第 7 章进行称量。空白滤膜前、后两次称量质量之差应远小于采样滤膜上的颗粒物负载量，否则此批次采样监测数据无效。

9.2.5　若采样过程中停电，导致累计采样时间未达到要求，则该样品作废。

9.2.6　采样过程中，所有有关样品有效性和代表性的因素，如采样器受干扰或故障、异常气象条件、异常建设活动、火灾或沙尘暴等，均应详细记录，并根据质量控制数据进行审查，判断采样过程有效性。

9.3　称量过程质量控制

9.3.1　天平校准质量控制

9.3.1.1　使用干净刷子清理分析天平的称量室，使用抗静电溶液或丙醇浸湿的一次性实验室抹布清洁天平附近的表层。每次称量前，清洗用于取放标准砝码和滤膜的非金属镊子，确保所有使用的镊子干燥。

9.3.1.2　称量前应检查分析天平的基准水平，并根据需要进行调节。为确保稳定性，分析天平应尽量处于长期通电状态。

9.3.1.3　每次称量前应按照分析天平操作规程校准分析天平。

9.3.1.4　分析天平校准砝码应保持无锈蚀，砝码需配置两组，一组作为工作标准，另外一组作为基准。

9.3.2　滤膜称量质量控制

9.3.2.1　滤膜称量前应有编号，但不能直接标记在滤膜上；如直接使用带编号（编码）的滤膜或使用带编号标识的滤膜保存盒，必须保持唯一性和可追溯性。

9.3.2.2　称量前应首先打开分析天平屏蔽门，至少保持 1 min，使分析天平称量室内温、湿度与外界达到平衡。

9.3.2.3　称量时应消除静电影响并尽量缩短操作时间。

9.3.2.4　称量过程中应同时称量标准滤膜进行称量环境条件的质量控制。

（1）标准滤膜的制作：使用无锯齿状镊子夹取空白滤膜若干张，在恒温恒湿设备中平衡 24 h 后称量；每张滤膜非连续称量 10 次以上，计算每张滤膜 10 次称量结果的平均值作为该张滤膜的原始质量，上述滤膜称为"标准滤膜"，标准滤膜的 10 次称量应在 30 min 内完成，称量记录参见附录 D 中表 D.3。

（2）标准滤膜的使用：每批次称量采样滤膜同时，应称量至少一张"标准滤膜"。若标准滤膜的称量结果在原始质量±5 mg（大流量采样）或±0.5 mg（中流量和小流量采样）范围内，则该批次滤膜称量合格；否则应检查称量环境条件是否符合要求并重新称量该批次滤膜。

9.3.2.5　为避免空气中的颗粒物影响滤膜称量，滤膜不应放置在空调管道、打印机或者经常开闭的门道等气流通道上进行平衡调节。每天应清洁工作台和称量区域，并在门道至天平室入口安装"黏性"地板垫，称量人员应穿戴洁净的实验服进入称量区域。

9.3.2.6　采样前后滤膜称量应使用同一台分析天平，操作天平应佩戴无粉末、抗静电、无硝酸盐、磷酸盐、硫酸盐的乙烯基手套。

附　录　A

（资料性附录）
气密性检查方法

A.1　方法一

（1）密封采样器连接杆入口。

（2）在抽气泵之前接入一个嵌入式三通阀门，阀门的另一接口接负压表。

（3）启动采样器抽气泵，抽取空气，使采样器处于部分真空状态，负压表显示为（30±5）kPa 的任一点。

（4）关闭三通阀，阻断抽气泵和流量计的流路。关闭抽气泵。

（5）观察负压表压力值，30 s 内变化小于等于 7 kPa 为合格。

（6）移除嵌入式三通阀门，恢复采样器。

A.2　方法二

（1）采样器滤膜夹中装载 1 张玻璃纤维滤膜，将流量校准器和滤膜夹紧密连接（干式流量计出气口和采样器进气口连接，进气口后依次为滤膜、流量测量和控制部件）。

（2）设定仪器采样工作流量，启动抽气泵，用流量校准器测量仪器的实际流量，并记录流量值。

（3）测试结束后，在采样器滤膜夹中同时装载 3 张玻璃纤维滤膜，按（1）连接流量校准器和采样器。设定仪器采样工作流量，启动抽气泵，用流量校准器测量仪器的实际流量，并记录流量值。

（4）若两次测量流量值的相对偏差小于±2%，则气密性检查通过。

A.3　方法三

（1）取下采样器采样入口，将标准流量计、阻力调节阀通过流量测量适配器接到采样器的连接杆入口。阻力调节阀保持完全开通状态。

（2）设定仪器采样工作流量，启动抽气泵。待仪器流量稳定后，读取标准流量计的流量值。

（3）用阻力调节阀调节阻力，使标准流量计流量显示值迅速下降到设定工作流量的80%左右。同时观察仪器和标准流量计的流量显示值，若标准流量计最终测量值稳定在98%~102%设定流量，则气密性检查通过。

附 录 B

（资料性附录）

采样器流量检查校准方法

新购置或维修后的采样器在使用前应进行流量校准；正常使用的采样器累计使用168 h 需进行一次流量校准。

B.1　操作步骤

（1）使用温度计、气压计分别测量记录环境温度和大气压值。

（2）流量校准器连接电源，开机后输入环境温度和大气压值。

（3）在采样器中放置一张空滤膜，将流量校准器连接到采样器采样入口，确保连接处不漏气。

（4）启动采样器抽气泵，采样流量稳定后，分别记录流量校准器和采样器的工况流量值。

（5）按式（B.1）计算流量测量误差，如果流量测量误差超过±2%，对采样器采样流量进行校准。

$$Q_{diff} = \frac{Q_R - Q_S}{Q_S} \times 100\% \qquad (B.1)$$

式中：Q_{diff}——流量测量误差，%；

　　　Q_R——流量校准器测量值，L/min（m³/min）；

　　　Q_S——采样器设定流量值，L/min（m³/min）。

（6）流量校准完成后，如发现滤膜上尘的边缘轮廓不清晰或滤膜安装歪斜等情况，表明校准过程可能漏气，应重新进行校准。

B.2　流量校准计算说明

（1）工况流量与标况流量转换计算式（B.2）：

$$Q_n = Q \times \frac{P \times 273.15}{101.325 \times T} \qquad (B.2)$$

式中：Q_n——标况流量，L/min（m³/min）；

　　　Q——工况流量，L/min（m³/min）；

　　　P——环境大气压力，kPa；

　　　T——环境温度，K。

（2）孔口流量计流量修正项计算式（B.3）：

$$y = b \times Q_n + a \tag{B.3}$$

式中：y——孔口流量计修正项；

　　　a——孔口流量计修正截距；

　　　b——孔口流量计修正斜率。

（3）孔口流量计压差计算式（B.4）：

$$\Delta H = \frac{y^2 \times 101.325 \times T}{P \times 273.15} \tag{B.4}$$

式中：ΔH——孔口流量计压差，Pa。

附　录　C

（资料性附录）

有机滤膜要求

C.1　滤膜尺寸

大流量采样滤膜：长方形，尺寸（200×250）mm；

中流量采样滤膜：圆形，直径为（90±0.25）mm；

小流量采样滤膜：圆形，直径为（47±0.25）mm。

C.2　材质

聚四氟乙烯、聚氯乙烯、聚丙烯、混合纤维素等有机滤膜。

C.3　孔径和厚度

滤膜孔径小于等于 2 μm。

滤膜厚度：0.2～0.25 mm。

C.4　空滤膜最大压降

在 0.45 m/s 的洁净空气流速时，压降应小于 3 kPa。

C.5　最大吸湿量（小流量采样滤膜）

暴露在湿度 40%RH 空气中 24 h 后与暴露在湿度 35%RH 空气中 24 h 后的质量增加值应不超过 10 μg。

C.6　滤膜重量稳定性（小流量采样滤膜）

取不少于各批次滤膜总数的 0.1%的滤膜（不少于 10 张），在实验室平衡稳定后称量，记录滤膜质量。分别按照 C.6.1 和 C.6.2 的操作方法进行测试，滤膜重量稳定性为该批次测试滤膜重量损失的平均值。

C.6.1　平衡称量后的滤膜放入滤膜夹，将该滤膜夹从 25 cm 高处自由跌落到平整的硬表面（例如无颗粒物的工作台），重复上述操作 2 次。从滤膜夹中取出测试滤膜，对其称量并记录质量值，跌落测试前后的平均质量变化应少于 20 μg。该测试应控制在 20 min 内完成，确保实验室环境温度和湿度变化对滤膜的影响可以忽略。

C.6.2 将平衡称量后的滤膜放入温度为（40±2）℃的烘箱中，放置时间不少于 48 h。取出测试滤膜，重新在实验室平衡稳定后称量，测试前后的平均质量变化应少于 20 μg。

附 录 D

（资料性附录）

记录表格

表 D.1　PM$_{2.5}$ 采样记录表

采样日期：_____ 年_____ 月_____ 日　采样地点：_____
相对湿度：_____%RH　　　　　　　　天气情况：_____
采样器型号：_____　　　　　出厂编号：_____
滤膜编号：_____
环境温度检查 采样器环境温度：_____℃　　　　实际环境温度：_____℃
环境大气压检查 采样器环境大气压：_____kPa　　　实际环境大气压：_____kPa
流量检查 采样流量：_____L/min　　　　　实际流量：_____L/min
采样开始时间：_____采样结束时间：_____
采样时间：_____累计工况体积：_____累计标况体积：_____
异常情况说明及处置：   　　　　　　　　　　　　　　　　　　　　　　　　　　记录人：_____
备注：

采样人：_____　　　　审核人：_____　　　　日期：_____

表 D.2　滤膜平衡及称量记录表

日期： _____ 年 _____ 月 _____ 日　　地点： _____

天平型号： _____　　　天平编号： _____

滤膜材质： _____ 采样滤膜编号： _____ 空白滤膜编号： _____

标准滤膜检查	标准滤膜编号： _____	检查结论
	标准滤膜原始质量： _____	
	标准滤膜本次称量质量： _____	

采样前滤膜第一次平衡条件	温度： _____℃　　湿度： _____%RH
	开始日期时间： _____ 结束日期时间： _____

采样前滤膜第一次质量： _____ 天平室温度： _____℃　天平室湿度： _____%RH

采样前空白滤膜第一次质量： _____ 天平室温度： _____℃　天平室湿度： _____%RH

采样前滤膜第二次平衡条件	温度： _____℃　　湿度： _____%RH
	开始日期时间： _____ 结束日期时间： _____

采样前滤膜第二次质量： _____ 天平室温度： _____℃　天平室湿度： _____%RH

采样前空白滤膜第二次质量： _____ 天平室温度： _____℃　天平室湿度： _____%RH

采样前两次滤膜称量平均值： _____mg

采样前两次空白滤膜称量平均值： _____mg

采样后滤膜第一次平衡条件	温度： _____℃　　湿度： _____%RH
	开始日期时间： _____ 结束日期时间： _____

采样后滤膜第一次称量： _____mg　　天平室温度： _____℃　天平室湿度： _____%RH 称量时间： _____

采样后空白滤膜第一次称量： _____mg　天平室温度： _____℃　天平室湿度： _____%RH 称量时间： _____

采样后滤膜第二次平衡条件	温度： _____℃　　湿度： _____%RH
	开始时间： _____　　结束时间： _____

采样后滤膜第二次称量： _____mg　　天平室温度： _____℃　天平室湿度： _____%RH 称量时间： _____

采样后空白滤膜第二次称量： _____mg　　天平室温度： _____℃　天平室湿度： _____%RH 称量时间： _____

采样后两次滤膜称量平均值： _____mg

采样后两次空白滤膜称量平均值： _____mg

备注：

称量人： _____　　　　审核人： _____　　　　日期： _____

表 D.3 标准滤膜称量记录表

日期：_____年_____月_____日   地点：_____

天平型号：_____   天平编号：_____

滤膜编号 称量次数								
1								
2								
3								
4								
5								
6								
7								
8								
9								
10								
平均值/mg								

滤膜平衡条件	温度： 湿度：
	开始日期时间： 结束日期时间：
天平室 环境条件	温度： 湿度：

备注：

称量人：   审核人：   日期：

附　录　E

（资料性附录）

设备维护、校准周期表

表 E.1　采样器检查、校准和维护周期表

项目	检查、校准周期	维护周期
环境温度检查	每次采样前	1 年
环境压力检查	每次采样前	1 年
流量检查	累计运行 168 h	6 个月
气密性检查	1 个月	—
切割器清洗	—	累计运行 168 h 清洗一次， 如遇恶劣天气及时清洗

表 E.2　设备校准周期表

设备	指标	校准周期
流量校准器	大流量：0.8～1.4 m^3/min，误差≤2% 中流量：60～125 L/min，误差≤2% 小流量：0～30 L/min，误差≤2%	不超过 1 年
温度计	–30～50℃，精度：±0.5℃	不超过 1 年
气压计	50～107 kPa，精度：±0.1 kPa	不超过 1 年
湿度计	10%～100%RH，精度：±5%RH	不超过 1 年
分析天平	检定分度值不超过 0.1 mg	不超过 1 年
恒温恒湿设备	15～30℃，控温精度±1℃；相对湿度（50±5）%RH	不超过 1 年

附录三

环境空气　PM$_{10}$ 和 PM$_{2.5}$ 的测定　重量法

1　适用范围

本标准规定了测定环境空气中 PM$_{10}$ 和 PM$_{2.5}$ 的重量法。

本标准适用于环境空气中 PM$_{10}$ 和 PM$_{2.5}$ 浓度的手工测定。

本标准的检出限为 0.010 mg/m^3（以感量 0.1 mg 分析天平，样品负载量为 1.0 mg，采集 108 m^3 空气样品计）。

2　规范性引用文件

本标准引用了下列文件或其中的条款。凡是未注明日期的引用文件，其有效版本适用于本标准。

HJ/T 93　PM$_{10}$ 采样器技术要求及检测方法

HJ/T 194　环境空气质量手工监测技术规范

3　术语和定义

下列术语和定义适用于本标准。

3.1

PM$_{10}$

指环境空气中空气动力学当量直径≤10 μm 的颗粒物，也称可吸入颗粒物。

3.2

PM$_{2.5}$

指环境空气中空气动力学当量直径≤2.5 μm 的颗粒物，也称细颗粒物。

4　方法原理

分别通过具有一定切割特性的采样器，以恒速抽取定量体积空气，使环境空气中 PM$_{2.5}$ 和 PM$_{10}$ 被截留在已知质量的滤膜上，根据采样前后滤膜的重量差和采样体积，计算出 PM$_{2.5}$ 和 PM$_{10}$ 的浓度。

5 仪器和设备

5.1 切割器

5.1.1 PM₁₀切割器、采样系统：切割粒径 D_{a50}=（10±0.5）μm；捕集效率的几何标准差为 σ_g=（1.5±0.1）μm。其他性能和技术指标应符合 HJ/T 93—2003 的规定。

5.1.2 PM₂.₅切割器、采样系统：切割粒径 D_{a50}=（2.5±0.2）μm；捕集效率的几何标准差为 σ_g=（1.2±0.1）μm。其他性能和技术指标应符合 HJ/T 93—2003 的规定。

5.2 采样器孔口流量计或其他符合本标准技术指标要求的流量计

5.2.1 大流量流量计：量程 0.8～1.4 m^3/min；误差≤2%。

5.2.2 中流量流量计：量程 60～125L/min；误差≤2%。

5.2.3 小流量流量计：量程<30 L/min；误差≤2%。

5.3 滤膜：根据样品采集目的可选用玻璃纤维滤膜、石英滤膜等无机滤膜或聚氯乙烯、聚丙烯、混合纤维素等有机滤膜。滤膜对 0.3 μm 标准粒子的截留效率不低于 99%。空白滤膜按第 7 章分析步骤进行平衡处理至恒重，称量后，放入干燥器中备用。

5.4 分析天平：感量 0.1 mg 或 0.01 mg。

5.5 恒温恒湿箱（室）：箱（室）内空气温度在 15～30℃范围内可调，控温精度±1℃。箱（室）内空气相对湿度应控制在（50±5）%。恒温恒湿箱（室）可连续工作。

5.6 干燥器：内盛变色硅胶。

6 样品

6.1 样品采集

6.1.1 环境空气监测中采样环境及采样频率的要求，按 HJ/T 194 的要求执行。采样时，采样器入口距地面高度不得低于 1.5 m。采样不宜在风速大于 8 m/s 等天气条件下进行。采样点应避开污染源及障碍物。如果测定交通枢纽处 PM₁₀和 PM₂.₅，采样点应布置在距人行道边缘外侧 1 m 处。

6.1.2 采用间断采样方式测定日平均浓度时，其次数不应少于 4 次，累积采样时间不应少于 18 h。

6.1.3 采样时，将已称重的滤膜（5.3）用镊子放入洁净采样夹内的滤网上，滤膜毛面应朝进气方向。将滤膜牢固压紧至不漏气。如果测定任何一次浓度，每次需更换滤膜；如测日平均浓度，样品可采集在一张滤膜上。采样结束后，用镊子取出。将有尘面两次对折，放入样品盒或纸袋，并做好采样记录。

6.1.4 采样后滤膜样品称量按第 7 章分析步骤进行。

6.2　样品保存

滤膜采集后，如不能立即称重，应在 4℃条件下冷藏保存。

7　分析步骤

将滤膜放在恒温恒湿箱（室）中平衡 24 h，平衡条件为：温度取 15～30℃中任何一点，相对湿度控制在 45%～55% 范围内，记录平衡温度与湿度。在上述平衡条件下，用感量为 0.1 mg 或 0.01 mg 的分析天平称量滤膜，记录滤膜重量。同一滤膜在恒温恒湿箱（室）中相同条件下再平衡 1 h 后称重。对于 PM$_{10}$ 和 PM$_{2.5}$ 颗粒物样品滤膜，两次重量之差分别小于 0.4 mg 或 0.04 mg 为满足恒重要求。

8　结果计算与表示

8.1　结果计算

PM$_{2.5}$ 和 PM$_{10}$ 质量浓度按下式计算：

$$\rho = \frac{w_2 - w_1}{V} \times 1\,000$$

式中：ρ——PM$_{10}$ 或 PM$_{2.5}$ 质量浓度，mg/m^3；

w_2——采样后滤膜的重量，g；

w_1——空白滤膜的重量，g；

V——已换算成标准状态（101.325 kPa，273.15 K）下的采样体积，m^3。

8.2　结果表示

计算结果保留 3 位有效数字。小数点后数字可保留到第 3 位。

9　质量控制与质量保证

9.1　采样器每次使用前需进行流量校准。校准方法按附录 A 执行。

9.2　滤膜使用前均需进行检查，不得有针孔或任何缺陷。滤膜称量时要消除静电的影响。

9.3　取清洁滤膜若干张，在恒温恒湿箱（室），按平衡条件平衡 24 h，称重。每张滤膜非连续称量 10 次以上，求每张滤膜的平均值为该张滤膜的原始质量。以上述滤膜作为"标准滤膜"。每次称滤膜的同时，称量两张"标准滤膜"。若标准滤膜称出的重量在原始质量±5 mg（大流量），±0.5 mg（中流量和小流量）范围内，则认为该批样品滤膜称量合格，数据可用。否则应检查称量条件是否符合要求并重新称量该批样品滤膜。

9.4　要经常检查采样头是否漏气。当滤膜安放正确，采样系统无漏气时，采样后滤膜上颗粒物与四周白边之间界线应清晰，如出现界线模糊时，则表明应更换滤膜密封垫。

9.5　对电机有电刷的采样器，应尽可能在电机由于电刷原因停止工作前更换电刷，以免使采样失败。更换时间视以往情况确定。更换电刷后要重新校准流量。新更换电刷的采样器应在负载条件下运转 1 h，待电刷与转子的整流子良好接触后，再进行流量校准。

9.6　当 PM$_{10}$ 或 PM$_{2.5}$ 含量很低时，采样时间不能过短。对于感量为 0.1 mg 和 0.01 mg 的分析天平，滤膜上颗粒物负载量应分别大于 1 mg 和 0.1 mg，以减少称量误差。

9.7　采样前后，滤膜称量应使用同一台分析天平。

附　录　A

（资料性附录）

采样器流量校准方法

新购置或维修后的采样器在启用前应进行流量校准；正常使用的采样器每月需进行一次流量校准。采用传统孔口流量计和智能流量校准器的操作步骤分别如下：

A.1　孔口流量计

（1）从气压计、温度计分别读取环境大气压和环境温度；

（2）将采样器采气流量换算成标准状态下的流量，计算公式如下：

$$Q_n = Q \times \frac{p_1 \times T_n}{p_n \times T_1}$$

式中：Q_n——标准状态下的采样器流量，m^3/min；

　　　Q——采样器采气流量，m^3/min；

　　　p_1——流量校准时环境大气压力，kPa；

　　　T_n——标准状态下的热力学温度，273.15 K；

　　　T_1——流量校准时环境温度，K；

　　　p_n——标准状态下的大气压力，101.325 kPa。

（3）将计算的标准状态下流量 Q_n 代入下式，求出修正项 y：

$$y = b \times Q_n + a$$

式中斜率 b 和截距 a 由孔口流量计的标定部门给出。

（4）计算孔口流量计压差值 ΔH（Pa）：

$$\Delta H = \frac{y^2 \times p_n \times T_1}{p_1 \times T_n}$$

（5）打开采样头的采样盖，按正常采样位置，放一张干净的采样滤膜，将大流量孔口流量计的孔口与采样头密封连接。孔口的取压口接好 U 形压差计。

（6）接通电源，开启采样器，待工作正常后，调节采样器流量，使孔口流量计压差值达到计算的 ΔH，并填写下面的记录表格。

表 A.1　采样器流量校准记录表

校准日期	采样器编号	采样器采气流量[注] Q	孔口流量计编号	环境温度 T_1/ K	环境大气压 p_1/ kPa	孔口压差计算值 ΔH/ Pa	校准人

注：大流量采样器流量单位为 m³/min，中、小流量采样器流量单位为 L/min。

A.2　智能流量校准器

A.2.1　工作原理：孔口取压嘴处的压力经硅胶管连至校准器取压嘴，传递给微压差传感器。微压差传感器输出压力电信号，经放大处理后由 A/D 转换器将模拟电压转换为数字信号。经单片机计算处理后，显示流量值。

A.2.2　操作步骤：

（1）从气压计、温度计分别读取环境大气压和环境温度；

（2）将智能孔口流量校准器接好电源，开机后进入设置菜单，输入环境温度和压力值（温度值单位是绝对温度，即温度=环境温度+273；大气压值单位为 kPa），确认后退出；

（3）选择合适流量范围的工作模式，距仪器开机超过 2 min 后方可进入测量菜单；

（4）打开采样器的采样盖，按正常采样位置，放一张干净的采样滤膜，将智能流量校准器的孔口与采样头密封连接，待液晶屏右上角出现电池符号后，将仪器的"-"取压嘴和孔口取压嘴相连后，按测量键，液晶屏将显示工况瞬时流量和标况瞬时流量。显示 10 次后结束测量模式，仪器显示此段时间内的平均值；

（5）调整采样器流量至设定值。

采用上述两种方法校准流量时，要确保气路密封连接。流量校准后，如发现滤膜上尘的边缘轮廓不清晰或滤膜安装歪斜等情况，表明可能造成漏气，应重新进行校准。校准合格的采样器，即可用于采样，不得再改动调节器状态。